哈佛情商课

最新实用版

张小宁◎著

台海出版社

图书在版编目（CIP）数据

哈佛情商课：最新实用版 / 张小宁著 . —— 北京
台海出版社 , 2016.8
　ISBN 978-7-5168-1146-7

　Ⅰ . ①哈… Ⅱ . ①张… Ⅲ . ①情商—通俗读物
Ⅳ . ① B842.6-49

　中国版本图书馆 CIP 数据核字 (2016) 第 199884 号

哈佛情商课：最新实用版

著　　者：张小宁

责任编辑：王　萍　张振华　　　　责任印制：蔡　旭

出版发行：台海出版社
地　　址：北京市朝阳区劲松南路 1 号，邮政编码：　100021
电　　话：010 — 64041652（发行，邮购）
传　　真：010 — 84045799（总编室）
网　　址：www.taimeng.org.cn/thcbs/default.htm
E-mail：thcbs@126.com
经　　销：全国各地新华书店
印　　刷：日照梓名印务有限公司
本书如有破损、缺页、装订错误，请与本社联系调换

开　　本：710×1000　　　1/16
字　　数：280 千　　　　　印　张：17
版　　次：2016 年 10 月第 1 版　　印　次：2016 年 10 月第 1 次印刷
书　　号：978-7-5168-1146-7

定　　价：39.80 元

前 言

　　哈佛，一所有着 360 年建校历史的世界顶极名牌大学。数百年来，一张哈佛的文凭，几乎就是地位与金钱的保证。而它的影响力更是举世无双，ABC 著名电视评论员乔·莫里斯在哈佛 350 周年校庆时曾这样说道："一个曾培养了 6 位美国总统、33 名诺贝尔奖金获得者、32 位普利策奖获得者、数十家跨国公司总裁的大学，其影响足以支配这个国家……"

　　哈佛大学之所以高居当今世界大学之巅，是与其杰出的教学方法与辉煌的教育成就分不开的，而其中情商的教育更是首当其冲，被拿来当作成功的典范为人们津津乐道。正如哈佛大学教授丹尼尔·戈尔曼所说："成功=20％的智商＋80％的情商。"因此，哈佛情商教育的成功让越来越多的人相信，在这个竞争日益激烈的时代，情商的高低已经成为事业和生活成败的关键，甚至决定了我们的一生。

　　情商主要与非理性因素有关，它影响着认识和实践活动的动力。它通过影响人的兴趣、意志、毅力，加强或弱化认识事物的驱动力，它与社会生活、人际关系、健康状况、婚姻状况有密切关联。

　　情商是一种能力，情商是一种创造，情商又是一种技巧。既然是技巧就有规律可循，就能掌握，就能熟能生巧。只要我们多点勇气，多点机智，多点磨炼，多点感情投资，我们也会像"情商高手"一样，营造一个有利于自己生存的宽松环境，建立一个属于自己的交际圈，创造一个更好发挥自己才能的空间。

　　当然，高情商者不但容易形成良好的人际关系，而且易于为自己营造良好的成才环境，从而更容易在职业生涯和私人生活中取得成就。

　　一个人情商的高低，虽然有先天遗传的成分，但和智商（IQ）相比，却与后天的培养更为息息相关。智商不高而情商较高的人，学习效率虽然不如高智商者，但有时比高智商者学得更好，成就更大。因为锲而不舍的精神使勤能补拙。我们无法预定智商，却可以提高情商，一个杰出的人未必有着高智商，却一定有着高情商。

　　本书结合哈佛大学在情商方面的成功案例，并以诸多寓意深刻的故事，深入浅出地阐述了情商理论。同时提出了许多提高情商的具体方法，为读者送上一道营养丰富的心灵鸡汤。让没有机会上哈佛的你也能汲取哈佛经典课程的精髓，成为哈佛情商课的最大受益者。

目 录

第三章

管理自我，驾驭情绪的烈马

第四章

为自己加油喝彩

第五章

社交情商，用人际兑换人气

第六章

当情商遭遇情感

第七章

"白骨精"的职场情商课

第八章

情商的自我修炼

第一章
走进情商的神秘地带

    你比很多人都聪明，却只能眼睁睁地看着别人成功，自己却屡屡碰壁；你工作优秀，但你的薪水与职位与你的能力丝毫不匹配，你曾经怀揣理想，但如今只能以"适应不了社会"为由，将梦想藏匿……成功并非偶然，那些在社会中表现得游刃有余的人，必定有其出色之处，而维系他们出色的关键，就是他们的超高情商。

1. 情商是什么？

　　"情商"一词由美国的心理学家比德·拉勒维和约翰·麦耶在 1990 年正式提出。他们认为：情商就是情绪智力，包括个人的恒心、毅力、忍耐、直觉、抗挫力、合作精神等方面的内容，情商与人的心理素质密切相关，它是一个人感受、理解、控制、运用自己以及他人情绪的一种情感能力。

　　"情商"这个概念一经提出，便引起了人们的普遍关注和重视。许多企业管理人员都把情商理论积极地应用到实际工作中去。

　　新泽西州聪明工程师思想库 AT&T 贝尔实验室的一位负责人，曾经用情感智商的有关理论对他的职员进行分析，结果发现，那些工作绩效好的员工，的确不都是具有最高智商的人，而是那些情绪传递得到回应的人。

　　这表明，与社会交往能力差、性格孤僻的高智商者相比，那些能够敏锐了解他人情绪、善于控制自己情绪的人，更可能得到为达到自己的目标所需要的工作，也更可能取得成功。

　　拥有超越常人的智慧固然是一件令人高兴的事儿，因为过人的智商的确能给人生的起步阶段提供良好的基础，它让人学得更多、更好、更快。然而，这并不代表你的一生就被定格了，你依然要在漫长的一生当中去学习学校课程以外的更多知识，而这才是决定一个人能否掌握自己命运，实现自我价值的关键所在。

　　所以，即使拥有很高智商的人并不一定能够适应社会生活，这就是为什么你会看到许多智商高的人仍然在生活的底层苦苦跋涉的原因所在。10 年前的杰克就是他们当中的一个。

　　杰克最初是一个汽车修理工，但他的智商并不低，甚至可以说很高。他以前在学校的学习成绩一直名列前茅，可是他的处境却跟他当初的成绩严重不成正比。

杰克当然对自己的现状不满意，和他的朋友相比，他的境遇简直糟透了：他的两位以前的邻居，已经搬到高级住宅区去了；两位以前的同学，也都有着令人羡慕的好工作。

他弄不明白，和这四个人比，除了工作比他们差以外，自己似乎没有什么地方不如他们。论聪明才智，他们实在不比自己强，而且他们当时在学校的成绩远远不及他。于是他再也待不住了，他需要摆脱这种境遇。一次，他在报纸上看到一则招聘广告，休斯敦一家飞机制造公司正向全国广纳贤才。他决定前去一试，希望自己的命运可以就此改变。

在面试的前一天晚上，杰克开始对自己的人生进行了思考，他想了很多，多年的生活历历在目，一种莫名的惆怅涌上心头：我并不是一个低智商的人，为什么我老是这么没有出息？

他又想起了自己的四位朋友，他当然知道自己并不比他们差，可是他现在之所以如此不堪，肯定也是有原因的。他一定比他们缺点什么，他开始冷静地分析自己的缺点：很多时候自己不能控制情绪，比如爱冲动，遇事从不冷静，甚至有些自卑，不能与更多的人交往……而这些似乎才是他没有成功的问题所在。

整个晚上他就坐在房间里检讨，他发现自己从懂事以来，就是一个缺乏自信、妄自菲薄、不思进取、得过且过的人。他总认为自己无法成功，却从不想办法改变性格上的缺陷。同时他发现，自己一直在自贬身价，从过去所做的每一件事就可以看出，自己几乎成了失落、忧虑而又无奈的代名词。杰克痛定思痛，做出一个令自己都很吃惊的决定：自今往后，决不允许自己再有不如别人的想法，一定要控制自己的情绪，全面改善自己的性格，塑造一个全新的自我。

这个晚上对杰克来说无疑是命运的转折，第二天早晨，杰克一身轻松，像换了一个人似的，满怀自信前去面试，结果不用说，他当然被顺利录用了。

杰克心里很清楚，他之所以能得到这份工作，就是因为自己的醒悟，因为对自己有了一份坚定的自信。

两年后，杰克在所属的组织和行业内已小有名声，人人都知道，他是一个乐观、机智、主动、关心别人的人。在公司里，他一再得到升迁，成为公司的核心人物。即使在经济不景气时期，他仍是同业中少数可以拉到业务的人。

几年后，公司重组，杰克得到了可观的股份，他的人生正式步入成功的旅程。

当然，聪明的杰克最后还是成功了。这似乎并不符合我们的题旨。可是你要知道，在杰克并不成功的那段岁月里，他的聪明才智也同样存在。这说明，如果仅仅只依靠高于常人的智商，成功依然只是一个未知数。开动脑筋，寻找办法，但这并不是说，所有的成功都会来自你的智慧，更重要的是，你要将自己的智慧发挥出来，这需要你发现自己性格当中的不足和缺陷。只有当你将自己的缺陷和不足弥补起来，调整和完善好自己的情绪之后，你的智慧才能得到充分的发挥，你才可能离成功越来越近。

也就是说，聪明人不一定是成功者，可是聪明人可以通过调整自我为自己开辟一条通往成功的道路。而这个开辟的过程就是调整自我的过程，也就是一个人的情商在起作用的过程。而你还要相信的一点是：你的智商也许无法改变，但是情商绝对还有提升的空间，它是伴随着你的成长而成长的，你完全有时间和机会让它变得强大起来！

2. 情商越高，社会能力越强

有些人的物质生活并不富裕，但看起来却很幸福快乐，而他们的周围也往往有各式各样乐于与之交往的人；而某些相对富有的人却总是在抱怨生活的不公，与他们交往，只会听到不满——为什么他们的处境会相差如此之多？

一个人在社会上有多成功与个人有多幸福之间的矛盾差异在哪里？答案就是情商——一种了解、控制自身与他人情感的方式：有了它，你便可以把握说话做事的分寸，去促成自己想要看到的结果；而情商能力的低下，也将直接影响个人的社会能力、生存状态。

白领一族的亚妮刚刚忙完一天的工作，正期待着晚上与男友一起去听钢琴演奏会。去车库取车时，她发现一辆车斜停在了自己的车位后方——这让倒车技术本就不怎么样的亚妮更增加了倒车难度。"这人真自私！如果我见了他，一定要教育教育他！"

她费了九牛二虎之力将车倒出后，正好遇到了车库管理员："你们怎么做事的？这人车停成这样，你们难道没有看到吗？"车库管理员自然不会礼让，两人言语中难免有冲撞。亚妮愤怒地威胁道："我会直接向你们上司投诉你！"

与男友相会后，亚妮还在为刚刚发生的事情愤怒，就连男友温柔的劝慰都听不进去。带着这种情绪坐在华丽的演奏厅里，美妙的音乐也变得刺耳——这真是一个扫兴的夜晚。

当演奏会结束后，男友邀亚妮一起用餐。两人已经好几日未能一起吃饭，而亚妮却拒绝了："今天没心情，改天吧！"看到亚妮这样的态度，男友也气呼呼了。一场原可以美妙结束的约会就因为一位素不相识的人停歪了车而变得无趣。

与亚妮一样的人绝不在少数：我们对自己所经历的那些令人不快的事感到生气是一件自然的事，但因此而让接下来的一连串事情变得糟糕就是典型的情商低下了。但身处此类场景中的人并不会意识到这一点：他们没有考虑到事情可能事出有因，而是用抱怨与不满来摧毁自己的快乐。

情商所指向的，是个人在情绪、情感、意志、耐受挫折等方面的个人品质。这种测定与描述个人情绪、情感的一种量化的指标，明确地表明了一个人运用理智去控制情感、操纵自我行为的能力。可以说，它是一种洞察人生价值、揭示个人人生目标的悟性，同时，更是一种克服内心矛盾冲突、从而能够更好协调人际关系的技巧，因此个人的情绪智商彰显了个人的生活智慧，同时也表明了个人社会能力的强与弱。

不管是情商理论的创始人塞拉维教授和梅耶教授，还是将情商进一步发扬光大的丹尼尔·戈尔曼，这些心理学家都认可这样的观点：情商是个体生存的重要能力，而且，个人社会地位越高，情商能力也就越重要。这种看法与国人观点有不谋而合之处：个人越成功，不光事情要做好，人要做好更重要。

在心理学界对情商的高低进行了明确的界定，这种界定我们可以从下面的描述中看到：

高情商

· 认可所有人拥有人权，并尊重他人的尊严；

· 从不将自己的观点、价值观强加于人；

· 对个人拥有清醒认知，知道自己能干什么，不能干什么；

· 以认真的态度对待每一件事；

· 可承受压力；

· 自信却不自满；

· 人际关系良好，有可交心的朋友；

· 善于处理各类问题。

较高情商

·拥有责任感；

·自尊自爱；

·较自信且不自满；

·拥有较良好的人际关系，可以与大多数人进行良好交往；

·可应对生活中大多数的问题，不会有太大心理压力；

·拥有独立人格，但在某些情况下，会受到他人焦虑情绪的影响。

较低情商

·易受他人影响，个人目标不明确；

·能原谅他人的无心之过；

·能应付与控制不良情绪；

·认为"自尊"与"他人认可"程度有密切关系；

·易动摇个人观点；

·人际关系较差。

低情商

·对待自己与他人总是双重标准；

·无明确目标，也不打算付诸实践；

·习惯逃避问题；

·说话没有节制、没有节奏；

·处理人际关系能力差；

·情绪控制能力差，常发火、常焦虑；

·生活无秩序；

·乐于抱怨，爱推卸责任；

·乐于辩论争吵，对他人的生活指手画脚。

　　值得一提的是，在普通人群中，情商的分布往往遵循钟形曲线定律："较高情商"与"较低情商"的人占据大多数，他们是社会的主流，同时也是"大众庸庸"的典型。

　　近代心理学一向推崇"马太效应"，财富领域是"马太效应"最明显的领域，有钱者在理财有道的基础上变得更有钱，很大一个原因是"钱赚钱，来得更快"。

　　大部分人不能理解的是，在情商领域中，也有类似的贫富分化现象："较高情商"者往往有机会向着"高情商"领域发展，因为他们已有足够的能力去获得他人的良好反馈，去接触到更出色的人群；"较低情商"领域中的人却因为有机会接触更多的负面效应，而更容易陷入恶性循环。

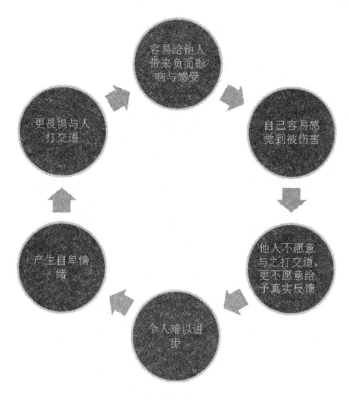

较低情商者、低情商者的恶性循环

个人意识到这种恶性循环，并寻求解决之道，不仅是情商提升的基础，更是社会能力增强的前提。

个人情商能力的高低往往也会因为场合、情境的不同而不同，你可以看到：有些人异性缘颇佳，但对待亲人却粗暴无比；有些人在职场是典型的精英，但在私下场合中却表现一般；有些人在面对陌生人时毕恭毕敬，但在亲近的人面前却随意发火。这种因场合、情境的不同而表现出不同情商水准的情况，其实归根结底也是因为个人情商识别与表现能力上存在缺陷而导致的。

与出身、家庭等不可选择的外界条件相比，情商是可以改变的，它是一种能力，而非一种天赋，既然是能力，便有办法去提升它。

而回过来头来再思考，其实真正阻碍我们提升情商的最大障碍是我们未曾意识到这种能力是可以改变的，我们乐于将某些人的高情商归为他们的幸运，在这种情况下，多数人会自我设限：

"情商是一种天赋。"

"我天生不善于沟通。"

"我天生暴脾气、没耐心。"

其实，当我们改变了自己的想法后，这些自我设限便会成为自我提升的起点：

"目前我还不懂如何提升情商。"

"目前我还不懂如何与人有效沟通。"

"目前我还没有学会怎样去控制情绪。"

意识到这种能力的提升，并发觉自己在情商能力上的不足与缺陷，是我们开始全面提升情商乃至社会能力的基础。当然，这会是一个长期的过程中，但是，它却会带给我们巨大的收获：对于我们中的绝大部分人而言，情商上的每一点进步，都是在为生活幸福与职业成功添砖加瓦。

3. 真正的幸福源于高情商

哈佛大学图书馆有不少名言，但与人生关联最密切的却是这样一句话："幸福或许不排名次，但成功必排名次。"生活实践则告之我们，与那些社会交往能力差、性格孤傲的高智商者相比，那些虽然智力平平，但可以敏锐察觉他人情绪变化、善于控制自我情绪的人，更容易找到自己想要的工作，同时也更容易取得成功。这便是情商的伟大之处——它为我们人类开辟了一条事业成功的新途径，令所有人终于有机会摆脱过往只讲智商所造成的"宿命论"。

若将人生比喻成一辆全速行驶的列车，那么，情商不仅可以为列车提供足够的动力，同时还决定着列车的前行方向。一个人若想取得事业上的成功，往往会需要正确的思想与相信来指引方向，而那些真正拥有建设性的精神力量，则往往蕴藏在能够左右人生命运的情商中，可以说，站在这一角度上来说，命运的轮船驶向何方，决定于个人情商的高低。

人类历史上有关情商决定人生走向的故事并不少，而最有代表性的，莫过于路易斯·福克斯的故事。

1936 年 9 月 7 日，世界台球冠军争夺赛于纽约正式拉开帷幕。凭借着高超的球技，路易斯在这场比赛中一直处于遥遥领先的地位，事实上，在比赛进行到中后段时，明眼人一眼便可看出，只要路易斯稳定发挥地再拿几分，冠军就是他的了。

就在大众已私下将路易斯定义为"冠军"时，一件寻常的事情改变了路易斯的人生走向：有一只闯入了赛场的苍蝇落在了主球上，路易斯起初挥手将苍蝇赶走了。可是，当他再次俯身准备击球时，那只苍蝇又飞回了主球。

在观众的笑声中，他再一次起身，将苍蝇驱赶开来。

那只令人讨厌的苍蝇使路易斯的心情陷入了低谷，更糟糕的事情发生了：苍蝇如同有意与路易斯作对一般，他刚回到球台上，它便又飞到了主球上——这让整个观众席上的人哈哈大笑起来。

路易斯的情绪由此恶劣到了极点——他终于失去了理智，并生气地使用球杆去击打苍蝇。没想到，球杆没有打到苍蝇，却碰到了主球。裁判判路易斯击球未得分，他因此离冠军远了一步。

这次误击成了路易斯此次比赛的拐角点：他方寸大乱、连连失利，而他的对手约翰·迪瑞却愈战愈勇，终于赶上且超过了他，摘得了此次比赛的桂冠。路易斯就此失意离场。

次日早上，人们在河中发现了路易斯的尸体——他竟然因为一只因为苍蝇而发挥失常的比赛投河自杀了！

对于人生而言，情商其实更像是一种初始能力：它决定着个体包括纯粹智力在内的其他技能的发挥程度。情商低的人，往往会在经受挫折以后经历大量的内心斗争，这种内心产生的激烈冲突，使他们无法将实际能力与思考能力集中于工作上，从而损害其专注工作与清晰思考的能力。

当处于情绪低潮之中，情商低下者往往会迁怒于周遭所有的人、事、物，这本身是无可厚非的，但是，情商低下往往会在其他环境中对自身所拥有的各类优势呈现出抵消状态：情绪智力上的低下，导致了原本出众的智商变得不再有利于人生。

心理学家丹尼尔·戈尔曼在讲述情商与人生幸福的关系时，曾经提到过一位名叫希米契娃的保加利亚女人。希米契娃被称为是世界上最聪明的女人，她的智商高达 200，据说，这个世界上只有一个男人——两度获得了诺贝尔奖的化学家库力与她的智商一样高。凭借着如此高的智商，希米契娃在学术上成就广泛，并先后在保加利亚与英国获得了五个学士学位。

但遗憾的是，这位高智商的女人虽然学术有成，却未在学习期间有过任何可以交心的朋友；走上社会以后，她有长达两年的时间找不到工作——哪怕入职，也会在短时间内主动离职或者被辞退。当她降低标准、终于入职以后，其收入也低于当地中等收入水平。在这种生活背景之下，希米契娃称，自己只有在沉浸于知识的海洋中时，才能体会到幸福。

对希米契娃来说，幸福不存在于现实生活中，而存在于学习的过程中——这是因为在学习时，没有人与她作对，只有知识的高峰等待她攀登。但生活远不仅仅是学习：我们所学习的一切，都是为了增加现实生活的幸福度而进行的，当你依然需要依靠这个社会来生存，而你的智商又远不足以支撑你获得"不屑社会与他人"的资本时，你的情商便会变得非常重要。

情商能力的五大方面

在丹尼尔博士的理论中，他将情商概括为了五个方面的能力。

·认识自身情绪的能力；

·妥善管理情绪的能力；

·自我激励的能力；

·认知他人情绪的能力；

·人际关系的管理能力。

从情商能力的五大方面来概括的话，情商必须分为两部分：

第一部分是对自我情绪的控制能力，即"避免让自己情绪不佳"的能力；

第二部分是对外输出情绪的能力，即"让他人情绪很好"的能力。

当你拥有了这两种能力以后，你会发现，自己在个人生活、工作中会占据以下的优势：

（1）为自己是一个不错的人而感觉到自信

不管你遇到的是什么样的负面情况，你的自信会让你深信，你有能力走出当下的困境，而这种自信也将很好地帮助你运用思维，找到能够解决问题的人与事。

（2）拥有人格竞争力

人格竞争力是自我意识与自我管理技能的综合，即一方面承认自我能力，另一方面也可以最大限度地运用这些能力，做出拥有竞争力的表现。

（3）得到他人的尊重，让他人更喜欢你

当你真心实意地为他人着想时，他人便会信任你、尊重你的价值，他们会感激你的体贴与诚意，乐于与你待在一起。在某种程度上，他们甚至会想要成为你！

（4）更强的交际能力

"让他人情绪很好"是情商的重要部分，而这种使他人情绪很好的能力，将会使你与他人相处融洽。你能够敏锐地感觉到他人的感受与情绪变化；你可以在自己不赞同的情况下依然赞赏他人的观点；你不仅能够清楚地表达自己的感受，还可以很好地传达他人的理解，建立与化解严重的分歧。当你做到了这些时，你便已经具备了比大部分人更强的交际能力了。

（5）更融洽的人际关系

亲密的关系往往需要灵敏性、忍耐度、接受力与理解力，而情商则是个人努力建立起亲密关系的动力与前提。

（6）工作的成功

情商上的优秀也将让你赢得职场上的成功。在美国企业界，人事主管们普遍认为，"智商令人得以录用，而情商令人得以晋升"。被誉为"新泽西杰出工程师思想库"的 AT & T 贝尔实验室一位经理受命将其手下工作绩效最出色的人列出来。心理学家们发现，从其所列名单中，那些认为工作绩效最佳的人并非拥有最高智商的人，而是那些情绪传递得以回应的人。而美国"创造性领导研究中心"的大卫·坎普尔在研究"昙花一现的主管人员"时发现，这些人之所以在管理道路上失败，并非技术上的无能——相反，他们在各自领域有突出贡献，只是，他们在人际关系方面存在缺陷，使得他们无法凝聚人心、获得支持性的力量。

这表明，与在社交交往方面不灵活、性格孤僻的天才们相比，那些良好的合作者、善于与同事相处的员工们更有可能得到为达到自己的目标所需要的合作。

由此可见，情商出色的人，在人生的任何领域都拥有优势，不管是在爱情等亲密关系中，还是在职场政治里，他们都能够正确地领会决定幸福与成功的潜规则。而这些情绪技能出色的人在生活中也更有可能获得满足，这是因为，他们掌握了提升自身效率的心理习惯，从而使个人效率比一般人更高。

4. 被心理暗示左右的人生

爱默生说："一个人就是他整天所想的那些。"你想什么，你就是怎样的一个人。因为每个人的特性，都是由思想而来的，每个人的命运完全决定于他的心理状态。思想就是一个雕刻家，它可以把你塑造成你想成为的人，或者你最不想成为的人。

一个女明星说过："我小的时候看到别的小朋友长虎牙，非常地羡慕，于是每天对着镜子默念，给我一颗虎牙吧，给我一颗虎牙吧……结果我后来就真的长了一颗虎牙，可是长了之后才发现很难看，只好被妈妈带着去牙医那磨掉！"

一个女人也说过这样的话："我年轻的时候发誓，以后绝对不嫁姓史密斯的男人，也绝对不嫁年纪比我小的男人，更不会去从事洗盘子的工作——可是现在，这三件事我都做过了。"

也许你也经常遇到这样的事情，你特别希望发生或者特别不希望发生的事情，都会很容易发生。你也许很奇怪，觉得这仿佛是某种看不到的力量在左右着你的生活，但是你却不知道它是谁。所以有人说："只要你的愿望足够强烈，那么世界是可以听到你的声音的。"真的是世界听到了你的声音吗？或者听到你声音的其实是你自己？没错，其实真正左右你生活的那个神秘力量就是你的思想。

思想之所以能够改变一个人的命运，是因为它会在人的心灵深处形成心理暗示，而心理暗示的好坏决定了一个人情商的高低。也就是说，情商高的人在心理暗示中正面的成分居多，而情商低的人心理暗示中负面的成分占了上风。

　　道理很简单：如果你心里都是快乐的念头，你就能快乐；如果你心里想的都是难过的事情，你就会难过；如果你想到一些可怕的情况，你就会害怕；如果你脑子里都是失败，你就会失败；如果你有不好的念头，你恐怕就心烦意乱；如果你喜欢顾影自怜，那大家就会给你方便，离你很远……

　　这些或积极或消极的心理暗示就是思想所形成的画面，是思想的能动方式，是一个人用语言或其他方式，对自己的思维、情感、想象、意志、知觉等方面的心理状态产生某种刺激的过程。它沟通人的思想与潜意识。它是一种启示、提醒和指令，告诉你注意什么，追求什么，致力于什么和怎样行动，因而它能支配影响你的行为。也就是说，不同的意识与心态会有不同的心理暗示，而心理暗示的不同也是形成不同意识与心态的根源。之所以说心态决定命运，正是以心理暗示决定行为这个事实为依据的。

　　华特·雷克博士是美国社会学学者研究过这样一个问题：他从两所小学的六年级学生中，找出两组截然不同的学生作为研究对象。一组是表现不好，难以救药的；另一组是表现优良，积极上进的。那些品行不良的孩子，在他们遇到某种困难时，往往会预期自己一定会有麻烦，觉得自己比别人低下，认定自己的家庭糟糕透顶；而那些素质优良的孩子，相信自己在学习上会成功，生活上也不会遇到什么麻烦。

　　经过 5 年的追踪调查，结果正如料想的那样：好孩子都能继续上进，品行不良的孩子则经常会出问题，其中还有人进过少年法庭。

　　结果表明，是孩子们的自我意识、自我评价本身左右了他们今后的发展。一个孩子如果有了不利的自我意识，就会有不良的表现，也就很容易被人们看成是"没出息"、"没用"，甚至"有犯罪的意图"。而这些不利意识经过长期发展就会形成人们的潜意识，逐渐成为人们的生活习惯。当然，有利的自我意识也是一样。

　　心理学家曾经给出过一个"小巷思维"的定义，就是说那些一直生活在小巷当中为了生活疲于奔命的人们，即使在一个偶然的条件下离开了小巷，过上了富裕的生活后。当他们遇到问题时，又会很快回到生活在小巷时的那

种状态。他们用当时的形成的思维习惯去思考、去看待问题，而那种思考方式其实是在一种不利的方式下形成的，它的狭隘和消极阻碍了人们开放式的思维，也阻碍了小巷当中的人走向成功的道路。

如果你想摆脱"小巷思维"的摆布，取得更大的成就，那就需要用积极的心理暗示去取代消极的心理暗示，并且长期坚持，无论遇到什么状况都用正面的方式去思考。因为积极的心理暗示只有经常进行，长期坚持，才能进入人的潜意识，影响人的意识。潜意识就像一块肥沃的土地，如果不在上面播下成功意识的良种，就会野草丛生，自我暗示就是播撒种子的控制媒介。只有让自我暗示变得积极起来，你的潜意识才会改变，也潜意识改变了，才会成为习惯。

如果你对自己的人生不满意，那就要去改变自己的习惯，而习惯的根源自然是你自我暗示的积极与否。你需要做的是经过长期积极的心理暗示，自动地把成功的种子和创造性的思想灌输到潜意识的沃土上，让它开出绚丽的花朵，你必须那么做，因为那朵花就是你的人生！

5. 情商瞄准的是命运

你是否听说过这样一个笑话：

有人问：一个笨蛋 15 年后变成什么？

回答是：老板。

看到这个答案你也许会哈哈大笑，你会认为那些老板都被嘲弄了吧？其实不然，仔细想想你就会发现，从某种意义上说这个答案其实是有它自己的道理的：即使对方是个笨蛋，但如果他的情商比别人高，那么即使开始时他并不那么优秀，在今后的职业表现上也会慢慢赶超，甚至更胜一筹，他的人生自然也就发生了改变。

许多证据显示，情商较高的人在人生各个领域都占尽优势，无论是谈恋爱、人际关系，还是在主宰个人命运等方面，其成功的机会都比较大。智商的高低也许决定了一个人对一件事情的把握能力；而情商的高低，则决定一个人的智商能否发挥出来，发挥到什么程度，这也决定了，一个人的人生成就究竟有多大。

所以，如果说智商决定一个人的能力，那么情商瞄准的则是一个人的命运。因为情商高的人生活更有效率，更易获得满足，更能运用自己的智能获取丰硕的成果。相反，那些不能驾驭自己情感的人，内心激烈的冲突，削弱了他们本应集中于工作的实际能力和思考能力。正像心理学家霍华·嘉纳说的那样："一个人最后在社会上占据什么位置，绝大部分取决于非智力因素。"

可以说，人一生的成就至多只有 20% 归之于智商，80% 则受情商因素的影响。当然，这并不是一个绝对的比例，它只是表明，情感智商在人生成就中起着至关重要的作用。不信，看了下面这些成功人士的例子你的想法也许

就会改变：

爱因斯坦曾经在给朋友的信中写道："我的弱点是智力不行，特别苦于记单词和课文。"

达尔文在儿时的日记中说："教师、家长都认为我是平庸无奇的儿童，智力也比一般人低下。"

凯文·米勒小时候学习成绩很差，他芝加哥大学毕业的光环也是靠着体育方面的特长才取得的，正像他日记中所说的："老师和父亲都认为我是一个笨拙的儿童，我自己也认为其他孩子在智力方面比我强。"

……

然而这些不太聪明的孩子，长大后在各自不同的领域所取得的成就却是举世瞩目的。

心理学家经过对全球近 500 家企业、政府机构和非牟利组织进行分析，除了发现成功者往往具备极高的工作能力以外，卓越的表现亦与情绪智能有着密切的关系。平凡领导人和顶尖领导人的差异，主要是来自情绪智能的差异。卓越的领导者在一系列的情绪智能，如影响力、团队领导、政治意识、自信和成就动机上，均有较优越的表现。

可见，情商在人生的成功中确实起着决定性作用。被人们推崇的智商，也只有与情感智商强强联手，才能让自己的作用得到淋漓尽致的发挥。所以说，情商是一个人命运中的决定性因素，成功者和卓越者并不是那些满腹经纶却不通世故的人，只有那些能够调动自己情绪的高情商者，才能将人生的成功无限放大。

6. 微软的情商测试题

据说微软的创始人比尔·盖茨是一位情商极高的领导者。他为人非常谦和，从不会为了什么事情大动肝火，也正是这种个性缔造了微软的神话。

很多年前，在 Windows 系统还没有诞生时，比尔·盖茨去请一位软件高手加盟微软，那位高手一直不予理睬。最后禁不住比尔·盖茨的"死缠烂打"同意见上一面，但一见面，就劈头盖脸讥笑说："我从没见过比微软做得更烂的操作系统。"

比尔·盖茨没有丝毫的恼怒，反而诚恳地说："正是因为我们做得不好，才请您加盟。"那位高手愣住了。盖茨的谦虚把高手拉进了微软的阵营，这位高手后来成为Windows的负责人，终于开发出了世界最受欢迎的操作系统。

比尔·盖茨的高情商让他成为这个世界上最受瞩目的人物之一，这可能也是微软更重视员工入职前情商测试的原因之一。那么微软的情商测试究竟是什么样子的呢？下面就为大家举个例子，看看你是否也有潜力成为微软的一员：

在一个暴风雨的晚上，你开着一辆车，经过一个车站。

你看到有三个人正在焦急地等公共汽车，他们分别是：一个生了重病，生命受到威胁的老人，他需要马上去医院；一个曾经救过你性命的医生，你做梦都想报答他的恩情；还有一个是你蒙昧以求的理想对象，这次如果错过她（他），以后就再也没有机会了……

而现在的情况是，你的车里只能坐下一个人，只能带一个人走，你会怎么选择呢？

对于高情商的人来说，这个问题实在太容易了。可是情商低的人也许就

要陷入纠结的状态：社会责任和良知告诉你，老人是必须要救的；道德告诉你，对医生也不能坐视不理；情感却说，你一辈子都求之不得的那个人啊，怎么可以让她（他）溜走……

当然，基于道德和良知的考虑，很多人会选择生命垂危的老人。他们会想，恩情以后还有机会报答，自己的感情丢了远没有一个生命丢了来得重要。

是的，这个选择是没什么错，可是高情商的人会告诉你，你还有更好的选择：你下车，让医生开车带老人去医院，然后你陪着自己心爱的人在雨中等公共汽车，或者雨中漫步……

很棒的结果不是吗？你只需要换一种思维方式就能让自己的世界海阔天空起来！而一个成功的企业需要的正是这种具有开放思维的人，任何问题的解决并不都是只有一个答案或一种解决方式，你完全不用让自己如此进退两难。而那些经常进退两难的人必定情商没那么高，这样的人会很容易让自己走进死胡同，一个爱钻死胡同的人怎么可能让一个企业前途光明呢？

所以，从现在开始，请你试着换一种方式去思考，生活虽然不是脑筋急转弯，但是却需要脑筋急转弯那样的智慧。即使你有不撞南墙不回头的勇气和撞破南墙的能力，可是如果有不必撞墙的方法你干吗不考虑一下呢？毕竟撞到头，疼的是你自己！

7. 情绪周期变化定律

对情绪的掌控能力，是一个人情商高低的一个很重要的决定因素。我们若想提高自己的情商，那就不得不学会掌握自己的情绪。可是情绪这东西似乎是来无踪去无影的，作为情绪的主人，我们究竟应该怎么样驾驭它呢？它究竟有没有规律可循？如果有，那规律又是什么？

情绪的起伏有规律可循，这一点是可以肯定的。因为人的情绪同智力、体力一样具有周期性。20 世纪初，英国医生费里斯和德国心理学家斯沃博特同时发现了一个奇怪的现象：有一些病人因头痛、精神疲倦等，每隔 23 天或 28 天就来治疗一次。于是他们就将 23 天称为"体力定律"，28 天称为"情绪定律"。

也就是说，人的情绪高低波动以 28 天为一周期，遵循着临界日→高潮期→临界日→低潮期→临界日→高潮期的规律而循环往复。人的体力、智力周期也有大致如此的波形，人们就将"体力定律"、"智力定律"和"情绪定律"总称为生物三节律，它们三者又是相互影响，互为制约的。

它们相结合的表现是：高潮期，精力旺盛，不易得病，情绪高涨，乐观积极，思维敏捷，记忆力强；临界日，自我感觉特别不好，健康水平下降，心情烦躁，容易莫名其妙地发火，在活动中容易发生事故；低潮期，情绪低落，反应迟钝，记忆减退，一切活动都被一种抑郁的心境所笼罩。

这种周期性就如同无形的时钟一样制约着人体，演奏着经久不息的生命进行曲，所以有人把这称之为生物钟现象。一个人从出生之日起，到离开世界为止，生物三节律自始至终没有丝毫变化，而且不受任何后天影响。现在我们知道它是一种正常现象，那么也就不必担心和忧虑了。我们只需要明白

自己在面对情绪的周期变化时如何去正确对待，就能很好地控制它了。

首先，我们对自己情绪低潮期的到来有充分的心理准备。一般而言，这种周期性变化对学习和生活没有太大的影响，不必为之担惊受怕，困惑不安。

第二，当我们感到自己的情绪正处于低潮时，可以有意识地回避一些容易引起自己不快的事情，或者暂时放一放那些困扰自己的难题。

第三，发挥自己主观意志的作用，做情绪的主人。要知道容易受情绪左右的人，一方面是因为自己不能自控，另一方面也由于自己本身没有这种自控意识，所以情绪失控不能只从它的周期性找原因，还得看自己有没有下意识地去控制。

第四，学会适当宣泄。掌控情绪不代表压抑情绪，消极情绪如果累积太多太久，即使控制力再强的人都有可能会失控，学会适度宣泄自己的消极情绪，才是高情商的表现。

当然，这些道理说起来都是很简单的，具体的操作还要你自己身体力行，而我们也会在后面的内容中，教大家如何具体用情商来调解和掌控自己的情绪和人生，让你成为真正的情商高手！

8. 心情、激情、表情：情绪究竟有多少状态

情绪的状态是多种多样的，但比较常见的有心情、激情、应激、表情等等。

（1）心情

心情又叫心境，是一种常见状态，它是一种在一段时间内具有持续性、扩散性，而又不易觉察的情绪状态。

心情对人的生活、工作、学习有着直接而明显的影响，能对人的精神状态产生很大的影响。当人们处在某种心情时，在几乎完全没有意识到的情况下，这种心情就不自觉地扩散到人们的活动过程中，使其以同样的情绪状态看待一切事物，从而对人们的行为产生影响。

在日常生活中，我们经常会听人说："不知道怎么搞的，这几天烦透了。"可以看出，人的心情有好坏之分，当人的心情很好时，会有万事皆如意的感觉，当人在情绪不好亦即心境不好时，干什么都提不起劲来。

一个人稳定的心情是由其占主导地位的情感体验所决定的。例如，有的人总是生气勃勃、笑口常开，这种人的愉快的心境占主导地位；有的人总是死气沉沉、愁容满面，这种人的忧伤的心情占主导地位。

（2）激情

激情，是指在较短时间内，以迅猛的速度，将身心置于强烈激动的情绪状态中。如狂喜、亢奋、盛怒、悲恸、恐惧、绝望等，都是人处于激情中的具体表现。由于人处于激情状态时，皮层下神经中枢失去了大脑皮层的调节作用，皮层下神经中枢的活动占了优势，因此在这种情况下，人的自我控制能力减弱，会发生"意识狭窄"现象，下意识地做出与平常行为很不相同的举动。

处于激情状态下的人们，并非完全意识不到或不能控制自己。在很大程度上，激情是可以控制的。比如，在情绪还没有达到激情状态时，如及时加以调节，就能有效地避免激情的出现。

激情会因性质不同而对人产生不同的影响。积极的激情，可以调动起身心的巨大潜力，对工作和生活产生积极作用，许多创造性的艺术作品就是这样产生的。而消极的激情如盛怒等则会使人冲动、呆滞甚至失去理智。所以，消极的激情是人们应当竭力避免的，尤其是经常出现类似的消极激情，其对人的身心伤害是非常巨大的。

（3）应激

应激状态是一种典型的特殊情况下的心理状态。在遇到出乎意料的紧张情况时，人都会出现高度紧张的情绪状态。比如亲人死亡、意外事故、患上不治之症等，都可能引起应激状态。

当人处于应激状态时，身体会发生急剧的变化。应激状态下，神经内分泌系统紧急调节并动员内脏器官、肌肉骨骼系统，加强生理、生化过程，促进有机能量的释放，提高机体的活动效率和适应能力。但另一方面，过度的或长期的应激状态，则可能导致过多的能量消耗，引起某些疾病，甚至导致死亡。

应激状态有利有害。适当的应激状态，可以使人急中生智。但在应激状态下，不但意识活动的某些方面受到抑制，还可能使人出现知觉、记忆等方面的错误，对出乎意料的刺激产生的强烈反应，会使人的注意和知觉范围缩小。

美国纽约大学的神经系统学者勒杜，从生理上对这种现象做出了解释。他发现了大脑中的一种短路，这种短路使情感在智力还没有介入之前，就驱使人做出行动。

一个人在森林中徒步行走，他眼角的余光突然发现一条长而弯曲的东西，脑子里蓦地窜出蛇的样子，下意识地跳到了一块石头上。这最初的反应，就是大脑的情感反应与智力反应的"短路"。

在这种突然的、不可预料的应激状态下，在大脑中出现情感与智力的"短路"是正常的、可以理解的。然而,有些人很难调节自己的情绪,稍遇情绪波动,就产生这种"短路", 产生感情冲动,以感情代替理智,以感情冲击理智,显然这是极不明智的。为了减少在应激状态下不理智行为的出现,人们可以通过有意识的训练、丰富的经验、强烈的责任感和高度的思想认知来实现。

（4）表情

表情是内在情绪的一种外在流露,如面部表情、身段表情和言语表情等,它具体表现一个人的情绪状态。

脸部的表情动作就叫面部表情。眼睛被称为"心灵的窗口", 它的形态变化往往直接表现情绪的变化。哭泣时眼部肌肉收缩,愤怒时横眉张目。嘴巴也直接表现情绪的变化,悲哀时嘴角下垂,高兴时嘴角后缩,上唇提升。眼睛和嘴巴的形态变化,最能表现一个人的情绪变化。身段表情即是人的动作表情,它是人的情绪状态在身体上伴随的动作。动作表情主要体现在手和脚的动作上,而两者之中又以手的动作最为重要。手舞足蹈、手忙脚乱、手足无措、捶胸顿足、拍案而起、拍手叫绝、掌声雷动等,都是情绪特征的特定表现。

人在说话时声音的音调、节奏、速度、强度等都会表达出一定的情绪内容,这种情绪内容就是言语表情。语言不仅用于人们的沟通交流,而且它也是表达感情的重要手段。例如,悲哀时音调低,节奏缓慢,声音高低差别很小;喜悦时音调高,速度较快,声音高低差别较大;愤怒时声音则高而尖,并且伴有颤抖等等,都是很好的说明。

在直接表达情绪、情感方面起主要作用的是面部表情和言语表情,面部表情直观,言语表情准确。而动作只是表达情绪、情感的一种辅助手段。由于单独从动作本身出发,难以准确推断出具体的情绪内容,因此要准确认知一个人的情绪状态,需要从面部表情、身段表情、言语表情等多方面进行分析和判断。

通过对情绪状态的了解,我们可以更加深入地了解自己以及他人的情绪,然后更加准确地掌握情绪,这是提高情商的必修课。

第二章

"Who am I？"

"我是谁？"这个问题还需要问吗？当然！
你也许知道自己的姓名，但是你知道自己的内在
究竟是怎样的吗？你曾经认真分析过自己吗？你
了解自己真实的想法和内在的潜能吗？你想过要
把自己塑造成一个怎样的人吗？如果还没有，那
么就请从现在开始吧！

1. 你认识真实的自己吗？

一个小男孩在与父母一同出游的时候，看到了一棵自认为不同凡响的大树，便围着它转了起来。这边看看，那边瞧瞧。父母认为他在玩耍，却听到他嘴中不断地嘀咕："像天鹅！""像扇子！""哇，又变了，现在像小鹿了！"后来，这个孩子成为了一名出色的盆景园艺师。

在情商理论中，潜在的自我总是会以某种方式呈现出来，而发现了潜在的自我，便发现了自己内在的情绪变化。认识并把握了自己的情绪，便能够指导自己的人生，从而主导自我人生。

与低情商的人相比，高情商者是自我觉知型的人，他们了解自己的情绪，能够对自我情绪状态进行认知、体察与监控。他们具备自我意识，他们的注意力不会因为外界或者自身的情绪干扰而迷失、夸大，或者产生过度的反应，这使他们可以在情绪纷扰中保持着中立与自省的能力，同时也使他们的人生比一般人更多了一些改变与重新选择的机会。

莱恩·比其莉在七岁时，她的母亲过世。在此不久后，比其莉才发现，原来自己是被领养的孩子。此时的她感受到的，不仅是养母去世的悲痛，更有被生母遗弃的失落感。为了远离这种失落感，她立志成为世界冲浪冠军，以向世界证明，自己是有价值的。

在 22 岁那年，她终于达成了目标，赢得了世界冠军。此后，她又七次刷新了女子冲浪界的记录——这使她成为了世界上最优秀的女性冲浪选手。

一般人在遭遇了连连打击、特别是被生母遗弃这样的事情后，往往会陷入愤怒之中。"我在愤怒面前不能自已了！"有人会这样描述自己当时的情绪。在这样的场景中，有两个我存在：一个是身临其境、怒火中烧的我，一个是

旁观的我。"旁观的我"以局外人的方式来观察自己、评价自己的情绪——但是，这种"旁观的我"往往是高情商者特有的标志与权利。他们因为情绪上的出色表现，而能够与自己之间存在某种程度的距离，从而实现以一种"鸟瞰"的姿态来打量自己，这使他们能够与"身临其境的我"保持一定的距离，同时也能够更清楚地了解那个潜在的我与自我真实的情绪。

这种"鸟瞰自我"的姿态，其实就是了解自我、真实地认识自己的最佳姿态。我们可以说，每一个人身上都藏着世界的秘密，因此，每一个人都可以通过认识自己来与世界达成一致。在希腊哲学家中，赫拉克利特最接近这个意境，他说："我探寻过我自己。"的确，一切出色者都是真诚的反省者，他们无情地将自己当成了标本，藉之对自我、对人生、对世界有了更深刻的理解。

现代心理学研究证实，一个人开车时的风格往往能够表现出真正的自我：一个在办公室中温文懦弱的人，或许在开车时会表现得狂暴好胜、乐于与人在车流中展开危险的追逐——而后者恰恰是个人在人生中受压抑的自我。

现代自我概念开创者威廉·詹姆斯认为："一个人的自我，是他能够称作是他所有关系的总和。"这种自我不仅包括了个人的身体、心智能力，同时还包括了个人的衣服、房子、妻子、孩子、祖先、朋友、同事以及他的银行账户。所有的这些，都会给我们带来同样的情感：若它们增加、繁荣，我们就会感觉自己是人生的赢家；若它们缩减、消失，我们便有可能一蹶不振——对每个东西的感觉程度或许不同，但这些东西感觉的方式大体一致。

从某种程度上来说，这也是为何我们所处的这个时代、卡奴、购物狂会出现：只有在这个时代里，低情商者的自我才有机会在外界的影响下，膨胀到无法抑制的程度，而人们总是期望通过不断的占有与增加来获得那种满足感。

如果你花了大钱，为自己购买了一件名牌的 T 恤，并进入了教室，你很可能会这样想："今天肯定会有超过一半的同学注意到我这昂贵的 T 恤！我穿上它变帅变漂亮了这么多，而他们却没有。"但事实上，心理学家们调查发现，只有不到20%的人会注意到这一点——我们总是高估周围的人对自我外表与行为的关注度，我们习惯于对自己过分关注，并以为他人也会如此关注，而这种认为"我是人群中的焦点"的错觉，往往会造成一系列的偏激反应。

这种错觉产生于"我"与"他人"的意识觉醒时：刚出生的婴儿分不清什么是自己、什么是外界，而当他们渐渐地在成长中感受到他人与自己不同时，他们才会意识到，这个世界上还有他人，而自己并不是世界的中心。

这与社会心理学家乔治·赫伯特·米德所描述的那样：当我们能够想象自己在他人心中的形象时，我们的自我便出现了。当我们进而可修正自己的行为，使之符合我们所知觉到的他人的期望时，我们便成了社会人。成熟，便是这样一个从自我中心不断地社会化的过程：高情商者开始体谅他人的存在，而低情商者却会始终将自己当成世界的中心：他们误以为自己是透明的，别人就应该注意到自己、应该知道自己的所思所想。

而另一种代表性的证明则是：有些人习惯高估他人对自己的了解，比如，你肯定听过这样的对话："把那个给我！""那个是什么？""就是那个！唉呀，那个嘛！"还有一些人会高估自己在人群中的醒目程度，当你打电话问他在哪里时，他从来不会告诉你明确的地标，而是将自己当成地标，认为所有人都应该看到他："我就在这儿！这儿啊！你怎么还没看到？我在这儿！"

一生中，我们总是要面对、扮演很多角色：你可能是孩子的父亲，同时又是父亲的儿子；你可能是妻子的丈夫，同时又是妹妹的哥哥、哥哥的弟弟等。面对不同的对象，你需要让自己放在不同的角色中，比如，面对长辈你可能恭敬，但在小辈面前，你又可能需要表现出身为长辈的威严。

如果你使用一种既定的行为与态度来面对不同的社会角色的话，便会造成角色不清，而你的人生肯定会陷入一片混乱之中，令人无比纠结。更重要的是，在不同的人生阶段，这种角色效应也同样存在，一个阶段结束，我们就必须要从扮演的角色中抽离出去：读书期间，你的主要角色是学生，但工作以后，你就必须要以"社会人"的角色来要求自己。

每一个角色都有其固定的社会衡量标准在其中：当你能够从这些衡量标

准来观察自己，同时将自己在每一时期中的具体表现进行对比时，你就会发现，自己在某一阶段的表现如何、在某一角色中的表现如何。

我们需要了解的另一个事实是：自我始终是处于不断地变化中的，你可能会为昨天的选择而懊悔，也可能在一时的愤怒中无法控制自我——这些都是自我变化、发展的表现。而人的一生本身就是一个不断变化的过程，同时也是一个不断地认识自己、发现自己的过程。当你能够接受这种改变，并依据于不同时期的改变来创造自我、完善自我时，你的情商也会逐渐地得到提升。

2. 接受不完美的自己

这个世界上不存在完美的人，而且每一个人身上都有自己不愿意去正视、更不愿意他人看到的阴暗面。我们不仅不敢也不愿意让他人看到自己的这种阴暗面，有时候，连我们自己都无法面对。在这种内心矛盾之下，大多数人不惜代价，竭力地伪装自己、迎合他人，而这样的生活方式无疑加重了自己的心理负担。

事实上，我们每一个缺点的背后，都有优点在其中，每一个阴暗面的存在，都对应着一个生命赋予的礼物。好出风头往往只是自信过度的表现，胆小可以让你躲过无妄之灾，泼辣的性格在有些场合下是解决问题的极佳方式。阴暗面与光明面一样，它们共同组成了"你是谁"，只有接纳了这种光明与阴暗并存的自我，我们的情商才能够全面启程。

黛西从小接受的教育是"做一个好人"。在儿时，一旦她做错了事情，父母便会大加训斥，并随口封之为"坏孩子"。随着年龄的增长，黛西开始学会了掩饰自己，她总是努力讨好他人，努力地表现自己"好"的特质，而将自己那些"坏"的特质掩饰起来，不让家人与老师、同学发现。

当她踏入社会后，开始接触到越来越多的人，而她需要掩饰的东西也越来越多：在办公室里，同事们总是肆意地将自己的工作强压给黛西，此时，黛西告诉自己的是"不要生气，更不能自私"；朋友随意将她喜爱的东西拿走时，黛西所想的是"不要小心眼，东西再买就是了"；当原本属于自己的奖金被克扣后，黛西第一时间的想法不是愤怒，而是"别贪得无厌，去年还有好多同事被辞退了呢，而自己依然在公司"。

黛西花费了如此多的时间与精力去让自己变成他人眼中"和蔼可亲"的

人，所以，当她身边出现了有缺点的人时，她总是在内心十分鄙夷，这也让她变得越来越愤世嫉俗：她感觉自己所遇到的问题都是因为上天不公平，而自己眼下处处委屈自己却依然处处不顺的处境，完全是因为自己生在了错误的家庭，认识了错误的人，去了错误的公司。

"如果我的爸妈是富一代，如果我的男友是富二代，如果我的公司是上市公司，如果我的上司大度而又明智，那么，我的生活根本不会像现在这样糟糕！"她常常这样想。

心理大师荣格曾问，你究竟愿意做一个好人，还是一个完整的人？黛西的错误就在于，她只想成为一个好人，从而在"好人"的片面认知中，让自己受困，事实上，做一个"完整的人"才是人生快乐的基础。

承认与接纳不完美的自己，拥有完整的人生，是情商发展过程中一件"基石"类的事情。每一个人都是矛盾的统一体，是各种消极与积极的特质彼此调和的结果，不管少了哪一方面，都算不上是完美。更重要的是，乐观与悲观、勇敢与懦弱——这些特质潜藏在我们的内心，倘若刻意地压制某一种的特质，它便会以我们意想不到的方式再次出现，而且，越是不敢面对自己的内心世界，越容易在恐惧的迷宫中迷失自我。

"阴影"这一词语也是最先被荣格引入了心理学中，并被用来指个人人格中受到刻意压抑的那部分。压抑的原因很可能是因为无知、恐惧、羞耻心，甚至是爱的缺乏。而荣格对阴影的定义也很简单："阴影就是你所不愿意成为的那种人。"他相信，若我们承认与接纳自我人格中的阴影，便会对我们的个人精神生活产生巨大的影响——这与情商中的"自我接纳"完美契合：我们只有直面阴影，并使它们成为我们人格、生活的一部分，我们才有可能获得全面的解放。

心理学家肯恩·威尔伯在自己的著作《认知阴影》中这样描述"阴影"的作用：自我层面上的投影现象非常容易辨认，若我们仅仅是感觉到了某个人、某种事情的存在，那么，它们通常不会带有我们的投影。若我们被某个人、某种事情所影响——不管这影响是好的还是坏的、是快乐的还是愤怒的，那么，它们很可能就携带了我们的投影。这句话，很好地区别了"感觉"与"投影"的差别。

平日里，我们往往会不自觉地使用潜意识去影响他人，使他们表现出被我们所压抑的情感、特质，或者，将那些容易表现出此类情感、特质的人吸引到我们的身边，这便是"投影"。

比如，你平日里努力地想要掩饰自己爱发火的本质，可是，你的身边很可能经常会出现这样的人；你生性自卑，且你总感觉周围的人与你一样——或者他们都在看不起你：很大一部分人的自卑是因为与真实自我不相配的自傲导致的。这完全是一种心理上的防御机制：我们因为自我受到了压抑，只得在周围的人身上去寻找这些特质，更重要的是，这些特质还会反过来影响我们：在愤怒者的刺激下，你很可能越来越多地表现出情绪失控；在骄傲的人面前，你越来越多地感觉到自卑。但是，如果我们承认与接纳了自己心中存在的消极特质，那么，他人表现出来的这种特质便不会对我们产生影响，所以，接纳那些被自己拼命隐藏的真实自我，我们才能避免阴暗面在人生中形成巨大的投影。

我们眼中他人的缺点，往往都是我们自己不敢承认的、内心中的缺点。想象一下：你之所以讨厌那个每日装扮得精细无比的女子，是不是因为你与她一样，拥有爱慕虚荣的一面？你看不惯整日在办公室中耀武扬威的小主管，多半是因为，你知道自己与他一样，也渴望拥有以权力操纵他人的时刻。

我们对他人品头论足，其实多半是在对自己进行真实的评价——如果不是这样，你不会那么在意他人的缺点。因此，当你再一次对他人发出负面的评价时，不如停下来想一想，这样的评价是否同样适合于自己？如果你对自己足够诚实的话，答案必然是肯定的。世界就如同一面镜子，你看到的世界，往往就是你真实的倒影。

更重要的是，我们不仅会将自己消极的特质投影到他人的身上，同时我们也会使用积极的特质去影响他人。当你承认与接纳了自己身上所具备的每一种特质后，你才能够拥有真正意义上的自我觉醒。若你刻意地避免表现出

某一种特质，你的生活势必会受到局限。

你不愿意表现出懒惰，就无法彻底地放松下来；

你无法对他人表示出愤怒与不满，就会成为人群中的"受气包"；

你不愿意表现出自信的一面，他人可能就会认为你是一个怯懦自卑的人；

……

改变我们当下的人生，关键在于将放在他人身上的投射收回来，发觉自己的特质，承认与接纳完整的自己。

接纳与拥抱你的光明面、你的阴影，可以让你的生活出现彻底地改变，一切就如初时丑陋的毛毛虫破茧而出一般，你也将化身为美丽的蝴蝶。在不必掩饰、不需假装更不用努力证明自己时，你会拥有足够的自信，你也将有自由去追求自己想要的生活。

3. 跳出躯壳，做自己的旁观者

人说："当局者迷，旁观者清。"每一个人都是自己的当局者，别人的旁观者。所以我们很容易看清别人，却往往看不透自己。如果想要看透自己，那就只有跳出躯壳，做自己的旁观者了。

怀揣高等院校文凭的大学生，毕业之后四处奔走，然后咒骂社会不公，学校无能。有着上十年工作经验的职场老油条，一朝被原公司踢出大门，却再也找不到合适的新工作，不禁心生怨恨，大骂猎头有眼无珠，不识自己资格老道。而那些拿着好点子寻找项目的人，在交流会中碰上一鼻子灰，回到家中，并不自思，反而怨恨他人太笨，目光短浅。

总之，当人们"怀才不遇"时，多数人会一味指责他人不识人才，极少有人会坐下来好好审视自己。

威廉姆斯是一个开发游戏软件的高级工程师，但在一年之内，却已换了三份工作了，都不甚满意。一次，他在飞机上巧遇一位软件开发商，刚准备换第四份工作的他便和这位老板畅聊起来。

威廉姆斯口若悬河地谈起了自己的理想。从自己想开发出一款全世界最受欢迎的游戏软件，一直说到因为怀才不遇，没有找到真正赏识自己能力的人。听完威廉姆斯的大番畅谈，这位老板对他十分感兴趣，当即力邀他加入自己的团队。

然而，威廉姆斯的这份新工作照例在三个月之后结束了。他的夸夸其谈，掩饰不了他不注重实际操作的缺点和弊病。当老板认清这个事实的时候，毅然辞退了他。而感到怨愤的他却始终不明白，自己究竟为何被再次抛弃了。

当你感到"怀才不遇"，痛苦万分的时候，你是不是有仔细想过，自己

的才华真如期待中那么高吗？自己真能胜任那些想象中的工作吗？如果说，遇到第一个不懂得赏识你的人，是对方有眼无珠，遇到第二个仍然看不清你的才华的人，是时运不济。那么，当你遇到的第三个，第四个，甚至是第五个仍然没有重用你的人时，这究竟又是谁的错呢？

其实，在更多的时候，并不是别人不给你机会，而是你没有看清楚自己的实力。所以，只有从旁观者的视角，客观公正地体察自己，评价自己，才能对自己有个正确的认识。

有些人在自我体察时从自身的体验向旁迈开一步，好像有另一个自我在半空中冷静旁观。"旁观的自我"以局外人的身份来观察自己，来评判自己的情绪。这个时候他与自己之间存在某种程度的距离，以一种鸟瞰的方式来打量自己，以一个局外人的身份来审视自己。这种与"身处其中的我"保持一定距离的方式，能够更清楚地了解那个潜在的我，了解自己真实的情绪。认识并把握了自己的情绪，便能指导自己的人生，从而主宰自己的人生。

当然并不是每个人都具备做自己旁观者的能力和勇气，这也就是为什么情商有高有低的原因所在。真正的高情商者可以成为自己的旁观者，但是却不会真的袖手旁观，他们对自己的情绪状态能进行认知、体察、监控和掌握。他们了解自己的情绪，具备自我意识，注意力不因外界或自身情绪的干扰而迷失、夸大，或产生过度反应，能在情绪纷扰中保持中立。这让他们不仅能认识到自己的问题，更能很快用另一个冷静的自我来选择解决问题的最佳方案。

比如，当他们被别人激怒时，他们会很快意识到自己的情绪发生了变化，而且他们不会刻意去克制自己的不良情绪，他们会为它选择两种抒发的渠道：（1）发泄出去，将对方臭揍一顿；（2）丢掉它，放对方一马，不让它干扰自己的好心情。对于情商高的人来说，后者自然是明智的选择，因为那样不仅不会造成对彼此的伤害，避免更大麻烦的产生，而且还即使调整了自己的心情，将坏情绪抛到了脑外，让它没有办法干扰到自己。

所以，你现在知道，学会做自己的旁观者，不仅仅是要及时发现自己的情绪变化，更重要的是要用旁观者的身份来给自己做出正确的指导，你要做的不是一个袖手旁观者，而是热心旁观者，因为你帮助的是你自己，对拯救自己，你还有什么可保留的呢！

4. 用自我欣赏找回迷失的自我

我们说过要做自己的旁观者，这并不仅仅是对自己的情绪而言，我们在旁观自身情绪的同时，还会对自身存在的其他问题也一并看了出来，比如我们的优点和缺点。可是即使我们能发现自身的优缺点，对于不同的人而言，也未必都能正确对待。有的人看到了自己的优点，并能够将其发扬光大，于是他成功了；有的人则只看到自己的缺点，并且沉浸在缺点的自责与自卑中不知如何是好，于是他迷失了自我，这也就注定了他的失败。

当我们能够自我欣赏的时候，才能够不断挖掘自己的潜能，才能够拥有自信的力量去超越自我，也才能够成功。那么对于一个迷失了自我的人，想要克服自我否定的恶习，重新找到自己的定位，究竟应该怎么做呢？

（1）从根源找起

要克服自卑就要知道自卑的根源在哪里，而有些严重的自我否定和自卑心理来自小时候受到过的创伤，也许你自己也已经不记得了，但是它却已经成为了你潜意识的思维习惯，你必须找到它，并且改变它，才能重获自信。对于已经遗忘的部分，你可以寻求心理医生的帮助。

（2）从自我激励开始

进行积极的自我暗示，鼓励自己，这样可以帮助我们重树自信。一直坚信："我能做好，没有问题。""我有能力做得更好。"这种方法只要成功了一次，就可以形成良性循环，赶走自卑。即使失败了也不怕，你可以接着这样自我暗示："这次失败不能说明我的实力。只是运气不好。下次，有更多经验的我，一定能够成功。"

（3）从小事做起

小事容易获得成功，而成功就是自卑的克星。从身边力所能及的事情做起，然后在这小小的成就中肯定自我，一点点地找回自己的自信。

（4）积极发掘优点和兴趣

每个人都有属于自己的优点，你也不例外。不要总是看到自己的缺点，别人的优点，拿自己的缺点去比别人的优点，受到打击是必然的。你不妨做一些自己一直感兴趣的事情，兴许一不小心不但克服了自卑，还意外获得了自己的事业方向。

（5）积极和别人交往

自卑常常伴有孤僻，不愿意结交朋友，自己一个人钻进自卑的"牛角尖"里出不来。多交朋友，可以从朋友身上学习到很多东西，同时在获得友谊的过程中，自信也就慢慢回来了。

如果你渴望成功和别人的肯定，那就别把大量的脑能量都消耗在自我怀疑、自我否定中，学会欣赏自己，相信自己。慢慢地，人们就会因我们的自我欣赏而欣赏我们。一个有较高情商的人是从来不会迷失自己的，因为他们欣赏自己。对于自我，他们坦然地承认、欣然地接受，不排斥自己、不欺骗自己、当然也从不拒绝自己、更加不会怨恨自己。悦纳自我是我们在培养高情商的道路上必走的一步。

5. 向"自我心像"求助

　　我们上面说过，想要找回迷失的自我重新建立自信，需要向自己的童年去找根源。这一点在心理学上是有根据的。因为我们童年的经历影响了自我心像的形成（就像老虎从小就以为自己是山羊），而自我心像是我们现在想问题和做事情的一个重要心理依据。

　　所谓"自我心像"是指人的潜意识中对自我的描述，在自我认识或自我意识的基础上对"我是谁"的认识。也就是说，每个人都会从不同的方面（比如容貌、智商、能力、性格、事业、前途等）对自己有一个认定，由无数的信条组成了一个决定人的行为的"自动导航系统"，指引着自己前进的方向。它是自我认识或自我意识的一部分，是根据自己过去成功或失败的经验、他人对自己的反应和评价而不自觉形成的。

　　自我心像侧重于对自身价值、自身能力、自己在社会上的地位的估计和评价。而童年的经历和经验是其形成的一个重要基础，我们童年的那些经历或经验在潜意识当中不知不觉地形成，而且一旦形成，我们就依据它去判断自己，并指导自己的行动，而很少怀疑它的可靠性。

　　所以，自我心像对一个人的人生状态起着非常重要的作用。如果你的童年过得并不愉快，经常受到别人的批评，或者即使没有受到却害怕受到别人的批评或指责。那么你的自我心像很可能就是一个低能者，你就会在自己的内心深处的那块屏幕上，经常看到一个无所作为、不受人重视的平庸的小人物。而且，遇到困难时你会对自己说没有能力，在生活和工作中，你就会感到自卑、沮丧、无力。

　　相反，如果你从小形成的自我心像是一个正面积极、多才多艺的，你就会在自己内心深处的屏幕上，经常看到一个受人尊重、进取向上、博学多才的自我。这样，在任何情况下，你都会对自己说：我可以做好。在以后的学习、工作或生活中，你就会有自尊、愉快、热情等良好的心态，也自然更容易获得成功。

自我心像的形成类似于之前我们提到的"小巷思维"的形成。它们都是在人们没有发觉的时候自动形成并保存下来的。形成之后对人们的一生影响非常巨大，可是要改变却又非常困难。如果是正面的自我心像自然是好的，也不需要我们大费周章地去调整，可是如果你的自我心像是负面的或者不高的，为了让自己生活得更好更快乐，那我们就有必要去对它进行改造了。

想要成功的人尤其需要调整的是自卑的自我心像，因为它会阻碍你的发展。当你总觉得自己一无是处，事事不如别人时，就应当主动修改自我心像了，你需要做的是树立这样的信念：我是造物主的独特创造，在这个世界上，没有跟我完全相同的第二个人。天生我才必有用，我一定有存在的价值，我也一定能够找到自己存在的价值，因为我是独一无二的。

当然，如果你的自我心像过于高大，也就是经常高估自己，或者对任何事物的期望值都过高，那也需要做出调整。因为对自己估价过高，不仅不利于客观地设计进取目标，还会破坏人际关系，使人际环境恶化，给自己走向成功的道路设置许多障碍。

我们还要清楚，之所以世界上有很大一部分人都在复制自己父母的命运，也就是所谓的"龙生龙，凤生凤，老鼠的儿子会打洞"之类的，就是因为我们的自我心像对下一代产生的巨大影响。所以，不要以为自我心像是你一个人的问题，它如果毁了你的一生，也就会毁了你孩子的一生，当然反之亦然。

如果你想让自己的成功继续扩大，或者不想让自己的痛苦延续下去，那么就请先去看清楚自己的自我心像吧，你要做的是保持它或者改变它！

6. 怀疑自己，你将失去成为苏格拉底的机会

伟大的哲学家苏格拉底在风烛残年之际，知道自己将不久于人世，就想考验和点化一下他平时看来很不错的助手。

他把助手叫到床前说："我的蜡所剩不多了，得找另一根蜡接着点下去，你明白我的意思吗？"

"明白，"那位助手说，"您的思想光辉是得很好地传承下去……"

"可是，"苏格拉底说，"我需要一位最优秀的传承者，他不但要有相当的智慧，还必须有坚定的信心和非凡的勇气……这样的人选直到目前我还未见到，你帮我寻找和发掘一位好吗？"

"好的，好的。"助手说，"我一定竭尽全力去寻找。"

那位忠诚而勤奋的助手，不辞辛劳地四处寻找。他领来了许多人，然而，苏格拉底都没看上。

助手再次无功而返，回到苏格拉底病床前时，苏格拉底已经病入膏肓了，他拉着那位助手的手说："真是辛苦你了，不过，你找来的那些人，其实还不如你……"

"我一定加倍努力，"助手恳切地说，"找遍城乡各地，找遍五湖四海，也要把最优秀的人选挖掘出来举荐给您。"

苏格拉底笑笑，不再说话。

半年之后，苏格拉底眼看就要告别人世，最优秀的人还是没有找到。助手非常惭愧，泪流满面地坐在苏格拉底的病床边，语气沉重地说："我真对不起您，让您失望了！"

"失望的是我，对不起的却是你自己。"苏格拉底说到这里，很失意地闭上眼睛"本来，最优秀的人就是你自己，只是你不敢相信自己，才把自己给忽略、给耽误、给丢失了……其实，每个人都是最优秀的，差别就在于如何认识自己，如何发掘和重用自己……"

怀疑自己，你也就失去了成为另一个苏格拉底的机会。如果你自己都在对自己存在疑问，遇事总是认为"是我吗？""我是对的吗？""不，我肯定不行"、"这件事情我没把握"……那么，你就是还没有试一试就给自己判了"死刑"，别人当然也不会去相信一个"死刑犯"的。

现实生活中，当我们受到外界压力或不被外界承认的时候，比如谈判时别人故意指出你一些很不重要的缺点，在公司里有人对你冷嘲热讽，你是否对自己的能力产生怀疑呢？我们一次次地问自己："我可以吗？"然而每问一次都只会让自己更加不确定。

事物本身并不影响人，人们只受对事物的看法的影响。不要把自己想成一个失败者，而要尽量把自己当成一个赢家。人生来没有什么局限，无论男人或女人，每个人内心都有一个沉睡的巨人，那就是你自己。法国存在主义哲学大师、获得诺贝尔奖但拒绝领奖的萨特说："一个人想成为什么，他就会成为什么。"如果你认为自己被打倒了，那么你就真的被打倒了。如果你想赢，但是认为自己没有实力，那么你就一定不会赢，如果你认为自己会失败，那么你就一定会失败。

皮特想成为一名新闻从业人员，于是进入新闻系进修。他注意到自己的一些老师全都有学士学位。皮特认为，因为自己没有学士学位，无法成为一名新闻从业人员。有人给过他几次实习的机会，但他都拒绝了，因为他自觉不够资格。他错过了很多磨炼自己技巧的机会，因为他决定要先拿到学位。可是，后来他才了解到，实践经验对他的履历来说是一项很有价值的资产。

了解自己对某件事是否够资格，是不是可以做到，最好的方法就是尝试。你要建立正确的自我认知，就不能因为怀疑自己，而拒绝尝试的机会。我们不能老是在给自己限定的区域内徘徊疑虑，如果你不想错过成为"苏格拉底"的机会，那么就请告诉自己：当下次再问自己"我可以吗"时，我一定要把那个"吗"字去掉！

7. 别人怎么说只能做参考

我们说过，我们认识自己主要有两种方式，一种通过自我观察，另一种则是通过观察别人，或者说通过别人对自己的评价。我们通过这些来判断自己是怎样的一个人，自己做的事情有没有违背大众心理，超越道德底线。这样做当然没什么错，可是大部分的人之所以通过这些还没能认清自己，把握自己的命运，那是因为他们把别人"尊重"过了头，甚至完全活在了别人的世界里，以别人的准则为准则，做对方希望自己做的事，变成对方希望自己成为的那个人。

没错，我们又回到了那个老话题，你又一次失去了自我，你应该明白，别人的意见和看法都只是你的参考，而不是你的行为准则。否则，你的人生就会被别人掌控了。

曾经有人问已故的华尔街四十号国际公司总裁马修·布拉是否对别人的批评很敏感，他的回答是："是的，我早年对这种事情非常敏感。我当时急于要使公司里的每一个人，都认为我非常完美。要是他们不这样想的话，就会使我忧虑。只要一个人对我有一些怨言，我就会想法子去取悦他。可是我所做的讨好他的事，总会让另外一个人生气。然后等我想要补足这个人的时候，又会惹恼其他的人。

最后我发现，我愈想去讨好别人，就愈会使我的敌人增加。所以最后我对自己说：只要你超群出众，你就一定会受到批评，所以还是趁早习惯的好。这一点对我大有帮助。从此以后，我就决定只尽自己最大能力去做，而把我那把破伞收起来，让批评我的雨水从我身上流下去，而不是滴在我的脖子里。"

是的，你要做的就是拿开那把破伞，宁肯身体被淋湿，也别让批评的雨水顺着它滴到你的脖子了。即使被别人说了无聊的闲话，被人当成笑柄，被人喜欢的人批评了，或者被最亲密的朋友背弃了……也千万不要纵容自己而只知道自怜，一味地问自己到底哪里不和对方的心意了。因为那样一点用处也没有，你是永远没有办法做到令每一个人都满意的。

虽然我们不能阻止别人对自己做出不公正的批评，却可以做一件更重要的事——我们可以决定不让自己受到不公正批评的干扰。这一点，林肯先生为我们做了最好的示范，他曾告诫自己："如果我只是试着要去读——更不用说去回答所有对我的攻击，这家店不如关了门，去做别的生意。我尽量用最好的办法去做，尽我所能去做，我打算一直这样把事情做完。如果结果证明我是对的，那么人家怎么说我，就无关紧要了；如果结果证明我是错的，那么即使花十倍的力气来说我是对的，也没有什么用。"

林肯要不是学会对那些谩骂置之不理，恐怕他早就受不住内战的压力而崩溃了。他写下这个的如何对待批评的方法，已经成为经典之言。第二次世界大战期间，麦克阿瑟将军曾把它抄下来，挂在总部的写字台后面。而丘吉尔则将其镶在框子里，挂在书房的墙上。

太在意别人批评的人，把对自己的认识建立在别人身上，这样就会面临严重束缚自己的危险。他们让自己局限于狭窄的范围内不敢轻举妄动，于是也让自己失去了更为广阔的天地。

情商高的人都不会为别人的批评而烦恼，他们对待别人的评价，不以自己的心理需要为基础，也会做到认知上的完整性，他们全面听取，综合分析，恰如其分地对自己做出评价和调节。他们把别人的话当作自己行为的参考，而不是金科玉律。他们明白，人生的棋局该由自己来摆，输赢成败最终还是要由自己掌控的。

8. 内省：给心灵照照镜子

孔子说："人苦于不自知。"的确如此，人的很多迷惑和苦难都是不自知的结果。比如人类的眼睛演化的结果是只能朝外看，看得见别人身上的瑕疵，却看不到自己身上的斑点。为了看见自己，人类发明了镜子，但镜子只能照出人的外貌，却看不见人的内心，要看见更真实的自己，我们就要利用一面能照出内在自我的魔镜——内省。

自我省察不仅仅是对自己的缺点的勇于正视，它还包括对自己的优点和潜能的重新发现。认识了自己，你就是一座金矿，你就能够在自己的人生中展现出应有的风采。认识了自我，你就成功了一半。

自省是自我动机与行为的审视与反思，用以清理和克服自身缺陷，以达到心理上的健康完善。它是自我净化心灵的一种手段，情商高的人最善于通过自省来了解自我。

自省是现实的，是积极有为的心理，是人格上的自我认知、调节和完善。自省同自满、自傲、自负相对立，也根本不同于自悔、自卑这种消极病态的心理。

从心理上看，自省所寻求的是健康积极的情感、坚强的意志和成熟的个性。它要求消除自卑、自满、自私和自弃，消除愤怒等消极情绪，增强自尊、自信、自主和自强，培养良好的心理品质。

自省者审视自我，使个性心理健康完善，摆脱低级情趣，克服病态畸形，净化心灵。自省有助于强者伦理人格的完善，和良好心理品质的培养，同时也成为强者的特征之一。

苏格拉底说："一个没有检视的生命不值得获得。"于是，强者在自省中认识自我，在自省中超越自我。自省是促使强者塑造良好心理品质的内在动力。

自我省察对每一个人来说都是严峻的。要做到真正认识自己，客观而中肯地评价自己，常常比正确地认识和评价别人要更困难得多。能够自省自察的人，是有大智大勇的人。

哲学家亚里士多德认为，对自己的了解不仅仅是最困难的事情，而且也是对人最残酷的事情。心平气和地对他人、对外界事物进行客观的分析评判，这不难做到。但这把手术刀要是伸向自己的时候，就未必让人心平气静、不偏不倚了。然而，自我省察是自我超越的根本前提，要超越现实水平上的自我，必须首先坦白诚实地面对自己，对自身的优缺点有个正确的认识。

在人生道路上，成功者无不经历过几番蜕变。蜕变的过程，也就是自我意识提高、自我觉醒和自我完善的过程。人的成长就是不断地蜕变，不断地进行自我认识和自我改造。对自己认识得越准确越深刻，取得成功的可能性越大。任何只停留在外表的修饰美化，如改变口才、风度、衣着等，都无法使人真正得到成长。要彻底改变旧我，要成长为一个真正的人，必须有一颗坚强的心，来支撑着你去经历更高层次的蜕变。一个真正成熟的人，应该在充分认识客观世界的同时，充分看透自己。

我们经常会遇到这样一些人，他们身上有些缺点那么令人讨厌：他们或爱挑剔、喜争执，或小心眼、好忌妒，或懦弱猥琐，或浮躁粗暴……这些缺点不但影响着他的事业，而且还使他不受人欢迎，无法与人建立良好的交际。许多年过去了，这些人的缺点仍丝毫未改。细究一下，这些人心地并不坏，他们的缺点未必都与道德品质有关，只是他们缺乏自省意识，对自身的缺点太麻木了。本来，别人的疏远，事业的失利，都可作为对自身缺点的一种提醒。但都被他们粗心地忽略了，因而也就妨碍了自身的成长。

用诚实坦白的目光审视自己，通常是很痛苦的，但也是非常可贵的。人有时会在脑子里闪现一些不光彩的想法，但这并不要紧，人不可能各方面都很完美、毫无缺点，最要紧的是能自我省察。

凡是对自身的审视都需要有大勇气，因为在触及到自己某些弱点，某些卑微意识时，往往会令人非常难堪、痛苦。不论是对自己、对自己的偏爱物、对自己的民族传统、对自己的历史，都是这样。但是，无论是痛苦还是难堪，你都必须去正视它。不要害怕对自己进行深入的思考，不要害怕挖掘自己内心不那么光明，甚至很阴暗的一面。

认识自我，是每个人自信的基础与依据。即使你处境不利，遇事不顺，但只要你的潜能和独特个性依然存在，你就可以坚信：我能行，我能成功。

一个人在自己的生活经历中，在自己所处的社会境遇中，能否真正认识自我、肯定自我，如何塑造自我形象，如何把握自我发展，如何抉择积极或消极的自我意识，将在很大程度上影响或决定着一个人的前程与命运。

换句话说，你可能渺小而平庸，也可能美好而杰出，这在很大程度上取决于你是否能够反省，充分地认识自己。

柏拉图说："内省是做人的责任，没有内省能力的人不会是个成功的人，人只有透过自我内省才能实现美德与道德的兼顾，才能真正地认识自我。"这句话你如果听进去了，那就从这一刻起拿起自省的魔镜，好好审视一下自己的心灵吧，你会有很大收获的！

9. 有目标才不会让心灵走失

　　没错，看不到目标就是比死亡更可怕。人们往往习惯把别人的成功看作是运气，把自己的失败归结为是命运的安排，因此放弃了努力，把自己的命运交给上天。其实，这样的人不知道一个伟大的奥秘，那就是：你的上帝就是你神圣的目标，只有它能够引领你去成功的殿堂同幸运之神约会。

　　而那些情商高的人却懂得目标的重要性，更懂得给自己制定明确的目标，以目标为引征，更好地自我调控。他们深知一个人只有有了明确的目标，才更容易成功；而那些没有目标的人，就如水上的浮萍，东飘西荡、不知何去何从，难成大器。因为，人生一旦没有了目标，人就很容易陷入和理想无关的繁杂事务中。一个人一旦忘记了最重要的事情，那么他就会成为琐事的奴隶，取得成功当然就无从谈起了。

　　目标对于人生如同空气对于生命一样不可或缺，没有目标的人无法取得成功，就像没有了空气人就无法生存一样。也就是说，要想获得成功，就要用目标来优化人生的进程。因为，心中拥有目标，会给人带来生存的勇气，遇到艰难困苦能够赋予我们坚忍不拔的精神和毅力。使目标具体化可以减少人的挫折感，因为比起伟大的目标，人生途中的挫折会显得微不足道，所以，拥有科学的目标能够帮助人们优化人生进程。

　　当目标存在于我们的脑海之中时，即使我们从事其他工作，潜意识当中依然会思量对策，所以会在不知不觉之中慢慢接近目标，终于实现梦想。拥有目标的人成功立业的概率无疑要比缺乏人生目标的人高得多。实现目标就像是在攀登阶梯，应该循序渐进，尽管前途充满艰难险阻，也要学会自我勉励。当时认为无法完成的事情，往往在几年之后却出乎意料地做到了。所谓的"天

助"，就是在我们拟定目标努力实现的时候，会觉得好像凡事都能心想事成；当我们努力奋斗积极进取时，一切都好像变得称心如意了。当然，前进的道路上不可能一帆风顺，有时也要经历磨难。然而，无论遇到多少打击，都不能气馁，要坚持到底。一个拥有鲜明目标的人凡事总是默默耕耘，是从来不会叫苦的。虽然说某种偶然性的确能改变一个人的命运，然而对于有目标取向的人来说，与其去相信偶然，不如去掌握必然。尽管"机会"是公平的，但是缺乏目标的人却往往只能眼睁睁地看着它跑掉。

心中有目标就会使人对与之不相关的烦恼变得不太在意，从而使人变得开朗、豁达。因为人的注意力总是有限的，一旦全身心地为了实现目标而努力时，就不会轻易受到其他事情的干扰，这个道理显而易见。

所谓成功人士和平庸之辈最大的不同，就在于前者能够为人生做出计划，制定目标，找到一生的方向，而后者从来没有计划过自己的人生，每天只是得过且过。如果你不想成为那个得过且过的失败者，那么就给自己的心灵树立一个正确的目标吧，这样它才不会走失！

第三章

管理自我，驾驭情绪的烈马

　　人的情绪世界是五彩缤纷的，人逢喜事时，我们笑逐颜开，或欢欣雀跃，或手舞足蹈，或激情澎湃；遭遇打击时，我们或低落消沉，或火冒三丈，或愤愤不平，或心烦气躁。

　　好情绪会让我们事半功倍，坏情绪让我们霉运连连，如果我们不想被情绪驾驭，那就要做情绪的主宰。学会释放积极情绪和调控消极情绪吧，它会帮我们保持生命健康成长，激励我们踏上成功的人生之路。

1. 情绪与身体的对话

人的情绪不仅能够影响人的心理状态，也能够影响到生理活动。比如：高兴时，心理状态良好，会眉开眼笑；伤心时，心理会悲观失望，痛哭流涕、眼部肌肉紧缩；气愤时，心理状态会失控，横眉张目，咬牙切齿；害羞时，心灵之窗会自动半掩，血流加速、面红耳赤……

同样，一个人的生理状态的好坏也会对情绪产生影响，身体健康则不容易产生消极情绪，身体不适则容易情绪低迷或消极。比如：一个人如果前一晚休息充分、睡眠充足，早上醒来的时候他的心情会很好，甚至可能哼着歌洗脸、梳头；一个饱受饥饿折磨的人，很难快乐；同样，一个生命垂危的人不会兴高采烈、信心百倍。

生活中，身体健康与情绪相互影响的例子也比比皆是。

美国曾经发生过一起耸人听闻的案件，一个原本性格随和、温文尔雅、待人有礼，与身边的人相处融洽的青年莫名其妙地用枪把自己的家人打成一死三伤，随后，又跑到大街上，用冲锋枪攻击路人，酿成死伤30多人的惨剧。

警方将其击毙后，做结案时，一直找不到他的犯罪动机。后来，一位法医专家找到了原因：在这名青年的颅内长了一个肿瘤，进而引起了大脑的情绪功能组织的病变，进而使他的情绪变得暴躁、冲动，成为了一个嗜血的杀人魔头。

身体的健康状况会影响到情绪的好坏，同时，人的情绪也能够通过影响人的心理状态来对人的身体健康产生作用。

心理学家巴甫洛夫为了研究情绪与健康的关系，做过这样一个实验：

他给狗看两种图形：圆形和椭圆形。给狗看圆形时，同时给它一份食物；

给它看椭圆形时，同时电击它一下。若干天以后，狗就形成了条件反射：见到圆形，就摇头摆尾、流口水、十分高兴；见到椭圆形则紧张害怕，准备逃避。

后来，巴甫洛夫将圆形一点一点地向椭圆变，将椭圆形一点一点地变圆。起初狗还能分辨，并做出相应的反应。然而，当这两个图形越来越相近，以致难以区分时，狗就开始惶恐不安，无所适从，在笼子里四处乱转、大声号叫、厌食、肌肉痉挛、呕吐等症状。

一段时间以后，狗出现皮肤干燥、脱屑、脱毛、溃疡等症状，甚至身体还开始长出各种肿瘤，比如甲状腺瘤、膀胱癌、肺癌等。

从上面对动物的实验中，我们可以看出长期地惶恐不安促发了身体病变的发生。情绪与身体健康有着密切的关系。良好的心理状态能对人体的生命活动起到良好的促进作用，可以增强免疫力，使人健康、长寿；而消极的心理状态会对人体的生命活动产生消极影响，甚至会造成身体状况恶化。

美国著名家庭经济学家海伦·科特雷克研究发现，负面情绪影响体内营养素的吸收利用。科特雷克认为，经常在紧张情绪状态下生活的人，心跳加快，血流加速。这种加大负荷的运行，必须消耗大量的氧和营养素。而且，处于紧张状态下的人体器官，特别是全身肌肉，在消耗比平时多出 1 ~ 2 倍营养素 和氧的同时，又会产生比平时多得多的废物。要排除这些废物，内脏器官得加紧工作，又必须消耗氧和营养素，从而造成恶性循环。

中国古代也有很多关于情绪影响健康的说法，比如"内伤七情"说，认为当人的"喜、怒、忧、思、悲、恐、惊"七种情绪过度时，就会产生生理疾病。《黄帝内经》中就有"怒伤肝""思伤脾""忧伤肺""恐伤肾"的记载。

现代医学对此也做出了详细的解释，专家们通过研究发现，当人的心理状况不好时，体内的内源性皮质类固醇含量会增加，从而使 T 细胞的机能下降，同时对免疫球蛋白产生抑制，干扰白细胞活动，降低抗体活动能力；使身体的免疫力下降，从而导致疾病发生。较长时间处在抑郁中的人，因中枢神经系统指令传导受阻，胃中消化液分泌大量减少。如果缺少消化液对胃壁的刺激，人的食量会锐减。由于消化液减少，缺乏消化酶对营养素的分解化合，有时虽不发生腹泻，亦难使营养素在体内消化吸收。由于体内营养素缺乏，身体会发生种种生理不适，而这些生理不适，又会加重其心理不适，使抑郁更为严重，从而也造成恶性循环。

根据身体和情绪的这些对话，我们不难看出：积极的情绪状态可以增强人的抵抗力，消极的情绪状态则会对身体构成一定的伤害。因此，即使只是出于对健康的考虑，我们也一定要让自己保持好情绪，用好心情来呵护我们的健康。

2. 你的幸福正在被情绪化谋杀

有人说："幸福的女人不管嫁给谁都会幸福。"当然，这句话无论对于男女都同样适用。那么什么样的人才算是幸福的人呢？答案众说纷纭，但是有一点是可以肯定的，那就是他必定不是一个情绪化的人，因为不管一个人的人品、学识、社会地位如何，他的情绪如果不够稳定，那么即使他的事业再怎么成功，他感知幸福的能力也会大大降低，他的情绪化甚至会把别人的幸福感一起吞噬掉。或者下面的情景让你有似曾相识的感觉：

一个女人正在厨房洗碗，但显然这并不是她想做的，她已经劳累了一天，从水声与碗盘碰撞的叮当声，你就能感觉到她内心深处的烦躁与不满。

这时候，她丈夫竟从客厅端来一杯热茶，双手捧到她面前。这本来应该是一个浪漫又感人的画面，可是女人的反应却把这温馨的画面撕得粉碎，那天生不幸福的女人对自己的丈夫吼道："别在这里假好心啦！"

于是那同样天生不幸福的男人只好低着头又把那杯茶端回屋里。那杯热茶就像他的心一样伴着妻子的抱怨在瞬间冷却了："端茶来给我喝？少惹我生气就行了。我的命可真不好啊！整天给一家老小做牛做马，没个人帮忙也就算了，还到我眼前让我生气……"

抱怨声就这样伴着水声持续着，也许这位妻子真正需要的不是一杯热茶，而是有人来分担她的家务。但是，在丈夫对她献殷勤的时候，实在没有必要把情绪发泄到对方身上。她的情绪化，让两个人的幸福失去了立足的空间，当最后一滴幸福感也被不良的情绪吞噬殆尽后，生活和婚姻还有什么乐趣可言呢？

毫无疑问，情绪化是人们幸福的杀手，它残忍地谋杀着属于你的幸福。

我们都知道应该控制它，可是对于一个情商不是那么高的人来说，情绪一来说什么都没用，自己就什么难听的话都敢说，什么伤人的事都敢做，甚至不计后果酿成大错，更别说拿出理智来及时控制了。

那么，我们究竟应该怎样控制自己的情绪化行为呢？

（1）适时转移

把自己的注意力、思想和行为转移到与引起我们的消极情绪无关的方面。

①愉快回忆：时常回忆自己曾经经历过的那些令人愉快的事情，比如一次令人心旷神怡的旅行，一次令人欢呼雀跃的成功等。回忆的情景和事情要根据正在面对或即将面对的情景和事情而定。对一次与眼前不愉快的体验相关的愉快体验，会使眼前的不快大大减轻。

②听音乐：在音乐的旋律中，心情可以获得放松，可以变得舒畅起来。

③做自己喜欢做的事情：当自己一直被某件事情、某种情绪所困扰时候，我们不妨暂时抽身出来，做些自己进行一些自己喜爱的活动或游戏。

④积极工作：当你因不受重用、身处逆境或被人瞧不起而感到苦闷低落时，不妨把自己的精力投入到某一项你感兴趣的工作和事业中，通过自己被认可、被肯定来改变自己的处境和改善自己的心境，从而使自己原本被压抑的情绪得到升华。

⑤做运动：适量的运动能够让人紧绷的神经放松，专家认为：五分钟轻快地漫步就可以使人精神饱满。此外，当人体运动的时候，身体能够产生一种让人觉得快乐的激素。

（2）适度宣泄

一般来说，当人处于困境、逆境时容易产生不良情绪，而且当这种不良情绪不能释放、长期压抑时，就容易产生情绪化行为。适时地宣泄情绪，会更加有益于身心健康。当有不愉快的事情或委屈出现时，千万不要压在心底，找来知心朋友或是亲人诉说一番，或是找一个没有人的地方大哭一场。这种发泄可以将内心的忧郁释放出来，使人感到轻松愉悦。要学会正确释放、宣泄自己的消极情绪。不让坏情绪堆积，它也就不会随时跑出来给你捣乱，来

破坏你的幸福感了。

（3）自我暗示

当我们自己并不知道消极情绪所产生的原因时，我们大都通过自我暗示来缓解情绪。

①自我安慰：当我们在因追求某个理想而无法实现时，心中的失落是难免的，这个时候，安慰不可少，他人的安慰固然重要，自我安慰更是不可小看。要减少内心的失望，就需要我们来为失败找一个冠冕堂皇的理由，以安慰自己，有时候真的需要一点"吃不到葡萄就说葡萄酸"的小智慧。不要一味自责，适当地安慰一下自己吧，哪怕别人说你是一种"酸葡萄心理"。

②语言提示：语言具有神奇的魔力，在情绪激动时，自言自语也是个缓解情绪的有效方法。轻声对自己说"要冷静"、"不可发火"、"要注意自己的身份和影响"等，这些语言看似轻微，但实际上却可以抑制自己的情绪。另外，在清楚自己的弱点的情况下，也可以预先写上有针对性的语言，诸如"制怒"、"镇定"、"三思"等条幅置于案头或挂在墙上。

（4）冷静分析

当消极情绪产生时，通过冷静地分析，找到解决问题的方法才是治本之道。

①推理比较：冷静地剖析困难的各个方面，把自己的经验和别人的经验进行客观的比较，并在比较中寻找成功的突破点，坚定信心，从而将畏惧情绪排除。

②认识社会，保持达观：人生不如意事十之八九，圆满的事情总是少数，学会正确认识、对待社会上存在的各种矛盾。能够领悟到这一点，我们就会以达观的心态来面对生活或工作中的不顺心，克服悲观、低落甚至厌世的情绪。即使遇到严重挫折也不会气馁，不会打退堂鼓，更不会觉得生无可恋，让自己走入悲观绝望的沼泽。

没有人天生注定要不幸福的，除非你自己关起心门，拒绝幸福之神来访。与其一天到晚怨天怨地说自己多么不幸福，不如借由改变自己的情绪个性来改变命运，你会发现原来幸福很简单。

3. 心浮气躁是钓不到鱼的

小男孩吉姆从叔叔手里接过鱼竿，同他一起穿过树林去钓鱼，这是他第一次钓鱼，这让他兴奋不已。

经验丰富的叔叔深谙何处小狗鱼最多，他特意把吉姆安排在了最有利的位置上。吉姆学着别人钓鱼的样子，甩出钓鱼线，宛若青蛙跳动似的在水面疾速地抖动鱼钩上的诱饵，然后急切地等候鱼儿上钩。好长时间过去了，没有任何动静，吉姆不免有些失望。

"再耐心等等。"叔叔鼓励吉姆。

忽然，诱饵消失了。

"这下可算上钩了，"吉姆心想，"总算有收获。"于是，他猛地一拉鱼竿，没想到扯出的却是一团水草……

就这样，吉姆一次又一次地挥动发酸的手臂，把钓线扔出去，但是每次提出水面都是空空如也。灰心丧气的吉姆向叔叔投出恳求的目光。

"再试一遍，"他若无其事地说，"钓鱼就要有耐心才行。"

突然，好像有什么东西在拽钓线了。吉姆连忙往上一拉鱼竿，一条逗人喜爱的小狗鱼在璀璨的阳光下活蹦乱跳。

"叔叔！"吉姆欣喜若狂地喊道，"我钓到了一条小狗鱼！"

"别高兴得太早。"叔叔慢条斯理地说。他话音未落，吉姆就看见那条惊恐万状的小狗鱼鳞光一闪，便箭一般地射向了河心。钓线上的鱼钩不见了，吉姆功亏一篑。

这个小男孩伤心极了，沮丧地坐在草滩上。叔叔走来重新替他缚上鱼钩，安上诱饵，然后又把鱼竿塞到吉姆手里，建议他再碰一碰运气。

　　"记住，小家伙，"他意味深长地说，"心浮气躁是钓不到鱼的，即使鱼已经上钩，但是在它还没有被拽上岸之前，心浮气躁地吹嘘自己已经钓到了鱼，仍然有可能让你'竹篮打水一场空'。我曾不止一次看见许多大人在很多场合下都像你这样，做了愚蠢的事情。"

　　是的，人生就像是一个钓鱼的过程，谁想要获得成功，取得成就，就要具有一定的耐心，摆脱心浮气躁的毛病，以防与成功失之交臂。

　　心浮气躁是一种失衡的情绪状态，当人处于这种情绪状态下的时候，很难理性地处理事情。他们往往只希望事情按照自己的预想进行，他们不能适应现实世界，不接受周围的环境，不服气最后的结果，也因此常常忧虑。显然，心浮气躁是一种低情商指数的表现。那些拥有高情感智商的人心态平和，能踏实地走好人生每一步路，循序渐进地、一步一步地、踏踏实实地去实现自己的人生梦想。

　　原子弹之父奥本·海默曾在一座大型体育馆里做过一次这样引人深思的演说。

　　演说那天，体育馆里座无虚席，人们在热切而焦急地等待着奥本·海默做精彩的演讲。终于，大幕徐徐拉开，人们看到舞台的正中央吊着一个巨大的铁球。为了能够吊起这个铁球，舞台上还搭起了高大的铁架。奥本·海默在人们热烈的掌声中从后台走了出来，然后站在铁架的一边。人们有些惊奇地望着他，不知道他会有什么样的举动。

　　这时候走上来两位工作人员，他们抬着一个大铁锤，放在奥本·海默面前。主持人对观众开口说话了："现在请两位身体强壮的人到台上来。"于是好多年轻人跃跃欲试，一阵骚动后，已有两名动作快的观众跑到了舞台上。

　　奥本·海默这时才开口说话，他对那两名上台的观众讲明规则，然后请他们用这个大铁锤去敲打那个吊着的铁球，直到把它荡起来。

　　其中一个年轻人迫不及待地拿起铁锤，拉开架势抡起大锤，拼尽全力向吊着的铁球砸去，结果一声震耳的响声过后，球却纹丝不动。于是他又用大铁锤接二连三地砸向铁球，很快就筋疲力尽、气喘吁吁了。这时候，另一个人也不示弱，他从那个筋疲力尽的人手中接过大铁锤，也把铁球打得叮当作响，可是铁球始终纹丝不动。

台下的呐喊声逐渐消失，所有观众好像都已经认定锤击是没用的，就等着奥本·海默出来做出什么解释。会场恢复了平静，只见奥本·海默从上衣口袋里掏出一个小锤，然后认真地对着那个巨大的铁球不停地、有节奏地敲击着。

10分钟过去了，20分钟过去了，会场早已经开始骚动，观众以各种声音和动作来发泄着他们的不满。而台上的奥本·海默却仍然在一小锤一小锤地敲击着，他似乎根本就没有听见人们在喊叫什么。台下的观众开始愤然离去。

大概在奥本·海默敲到40分钟左右的时候，突然听到坐在前面的一个人尖叫道："球动了！"会场顿时鸦雀无声，人们都聚精会神地看着那个铁球。只见那铁球真的开始以很小的幅度摆动了起来，不仔细看很难察觉。奥本·海默仍然没有任何反应，还是继续一下一卜地敲着。最后，球在他一锤一锤的敲打中越荡越高，并拉动着那个铁架子哐哐作响，巨大威力使在场的每一个人都受到强烈的震撼。终于，响彻云霄的掌声在体育馆内爆发，在掌声中，奥本·海默转过身来，慢慢地把那把小锤揣进兜里。

人们开始安静下来。奥本·海默开始了自己的演说，而这个演说只有一句话："在成功的道路上，如果你没有足够的耐心去等待成功的到来，那么，你就只好用一生的耐心去面对失败。"

无可否认，事实就是如此，我们越是着急就越是不成功。焦急和浮躁已经我们失去了清醒的头脑，又怎么还能够冷静地思考和决策，进而去成功呢？

因此，与其心浮气躁、一无所获，不如停下来，寻回耐心，冷静思考一下自己究竟哪里出了问题。清醒之后的头脑会告诉你所有的事情都不可能如你所愿般一下子就能完成，即使爬上最高山峰的人也是一次只能脚踏实地地迈出一步。

所以，请记住：心浮气躁是钓不到鱼的，只有摆脱了心浮气躁的羁绊，我们才可能钓到大鱼，也才不会让鱼跑掉，我们的成功也是一样！

4. 穿越令人恐惧的"黑房子"

我们害怕活着，害怕死掉，害怕活着和死掉之间的每件事。每件事情看起来都那么难，我们天天都在害怕自己处理不好，害怕因此会让自己失去什么。

恐惧是人的天性，而让恐惧消失的唯一方法就是面对恐惧。俗话说："做你害怕的事，并看着它消失。"通常，当你克服一种恐惧，你会发现，它并没有你原来所想的那么令人害怕。

一位心理学家想知道人的心态对行为到底会产生什么样的影响，于是他做了一个实验。首先，他让10个人穿过一间黑暗的房子，在他的引导下，这10个人皆成功地穿了过去。然后，心理学家打开房内的一盏灯。在昏暗的灯光下，这些人看清了房子内的一切，都惊出一身冷汗。这间房子的地面是一个大水池，水池里有十几条大鳄鱼，水池上方搭着一座窄窄的小木桥，刚才，他们就是从这座小木桥上走过去的。

心理学家问："现在，你们当中还有谁愿意再次穿过这间房子呢？"没有人回答。过了很久，有3个胆大的人站了出来。

其中一个小心翼翼地走了过去，速度比第一次慢了许多；另一个颤颤巍巍地踏上小木桥，走到一半时，竟只能趴在小桥上爬了过去；第三个刚走几步就一下子趴下了，再也不敢向前移动半步。

心理学家又打开房内的另外几盏灯，灯光把房里照得如同白昼。这时，人们看见小木桥下方装有一张安全网，只由于网线颜色极浅，他们刚才根本没有看见。

"现在，谁愿意通过这座小木桥呢？"心理学家问道。这次又有5个人站了出来。

"你们为什么不愿意呢？"心理学家问剩下的两个人。

"这张安全网牢固吗？"两个人异口同声地反问。

很多时候，成功就像通过这座"黑房子"一样，失败恐怕不是力量薄弱、智力低下，而是周围环境的威慑。面对险境，很多人早就失去了平静的心态，慌了手脚，乱了方寸。这就是恐惧心理在作祟，我们害怕的往往是我们所能看到的一切。

面临险境是如此，生活中很多事情也都是一样。我们害怕任何不确定的东西，害怕承诺，因为我们不知道未来如何变幻，害怕自己不能遵守；害怕遭到拒绝，因为那意味着自己要面临一次抉择，而掌控权在别人手里；害怕去爱，因为怕爱的结果是受到伤害；害怕付出，因为害怕付出后将永远失去……

你在害怕什么，我不知道，也许是所有的一切，正像萧伯纳所说的那样："对于害怕危险的人，这个世界上总是危险的。"可是你的害怕并不能改变事实的存在，高情商的人明白，与其饱受各种恐惧心理的煎熬，不如勇敢一点去面对，而且他们这样做了，结果是，事情远没有想象的那么可怕！

5. 你会为两块钱悲伤吗？

大卫在一家夜总会里吹萨克斯，他的收入虽然不高，但是人们眼中的大卫却总是乐呵呵的，对什么事都表现出十分乐观的态度。他总说："太阳落下了，总还会升起来，太阳升起来了，也迟早要落下去，这就是生活。"

大卫酷爱车，然而凭他微薄的收入当然是不可能拥有一辆属于自己的车的。每每与朋友们在一起时，他总是说："要是我能有一部车该多好啊！"眼中充满了期待。朋友就逗他说："那你就去买彩票吧，中了奖就可以买得起车了！"

于是他真的去买了两块钱的彩票。也许是上天太偏爱他了，大卫就凭着两块钱的一张体育彩票，果真中了个大奖。

大卫终于如愿以偿，他用奖金的一部分买了一辆自己喜欢的车，每天开着车兜风，也很少去夜总会了，人们常常会看到他吹着口哨在林荫道上行驶，车子也总是被擦得一尘不染。

然而，总会有意想不到的事情发生，一天，大卫去夜总会的时候，把车泊在楼下，结果半小时后下楼来，发现车被盗了。

朋友们得知这个消息后，一想到他爱车如命，花那么多钱买来的爱车就这样眨眼间消失了，都担心他受不了这个打击，便一起来安慰他："大卫，车丢了就丢了吧，以后还有机会再买呢，你可别太悲伤了啊！"

大卫见朋友们这样，就大笑了起来，他说："嘿，哥们儿，我为什么要悲伤呢？"

朋友们疑惑地互相望着。

"假如你们有人不小心丢了两块钱，你们会悲伤吗？"大卫笑着说。

"当然不会！"朋友们答道。

"是啊，我丢的不过就是两块钱而已！"大卫笑道。

是的，谁会丢失两块钱而悲伤呢？故事中的大卫之所以过得快乐，就是因为他可以很好地驾驭自己的情绪，尤其是生活中的那些消极情绪。

在现实生活当中，一个人的生活是否幸福，事业的成功与否起着至关重要的作用。然而消极情绪却是我们事业前进道路上的桎梏，如果我们放任自己的消极情绪，则必然要影响到生活。一个被消极情绪所左右的人，是不可能走向成功的。

所以，我们有必要让自己保持健康的情绪状态。这就需要我们自己在头脑中装上一个控制情绪活动的"阀门"，以理智和意志来节制情绪活动。一旦情绪活动被理智和意志节制住，则人们便会基本保持情绪的平静和稳定，而这恰恰是取得成功的关键。

其实，一些小事根本就不值得一提，它就像那"两块钱"一样没有什么值得大惊小怪的。而且别人根本没有在意或早已忘却，如果你还记在心里耿耿于怀，那无疑是对自己的惩罚，轻则伤心难过，重则可能一命呜呼，不信你去看看《小公务员之死》：

契诃夫的小说《小公务员之死》中的主人公，由于自己在看戏时与部长大人坐到了一起，不幸的是他却不小心把唾沫星子弄到了部长的大衣上，于是，他就神经质般地变得惶惶不安起来。连连向部长道歉，可是情况似乎很糟，因为在他看来，部长对他的解释并不满意，丝毫没有原谅他的意思，结果是，这位可怜的小公务员便在巨大的精神压力下一命呜呼了。

这就是无法战胜自己的体现，人们总是努力地想去扮演一个完美者的形象，我们不愿意让别人对自己有任何的看法或不满。我们对自己犯的错自责、忧虑、不安，这些都只会加重你情绪的负面影响，给自己的心理造成障碍。就像那位小公务员，如果他可以控制自己的消极情绪的，结果就不致如此，凡事向好的方面想，不要将自己的过错放大化，就会发现些自己在消极情绪下惶恐不安的心情其实大可不必。

　　我们的生活中，有很多的"两块钱"，计较是计较不过来的，倒不如放宽自己的心态，丢就丢了，只要它不影响你的生活，那就不要太把它当回事儿。

6. 别让庸人自扰的小事儿磨折了灵魂

狄士雷里说过："生命太短促了，不能再只顾小事。"这句话曾经帮安德烈·摩瑞斯挨过很多痛苦的经历。摩瑞斯说："我们常常让自己因为一些小事情，一些应该不屑一顾和很快该忘的小事情弄得非常心烦……我们活在这个世上只有短短的几十年，而我们浪费了很多时间，去为一些一天之内就会被人忘记的小事发愁。不要这样，不要再顾及那些小事。"

一个善于运用情商的人，完全能够掌控和调适自己的情绪，不会为一点琐碎小事而忧虑 。尤其不要让还没有发生的忧虑困住自己，因为，99％的忧虑其实不会发生。

史密斯先生四十多年来生活一直过得很顺畅，只有一些身为大夫、为人之父及生意上的小烦忧，他通常也都能从容应付。可是在 1943 年的夏季，世界上大多数烦恼似乎都降到史密斯先生的头上，接二连三的打击向他袭来，他因为下面这些烦恼，整晚辗转反侧，陷入深 深的忧虑之中：

第二次世界大战，让他办的商业学校困难重重。因为男孩都入伍作战去了，所以学校面临严重的财务危机，他的长子也在军中服役，像所有儿子出外作战的父母一样，他非常牵挂担忧。

市政府正在征收土地建造机场，他的房子正位于这片土地上。他能得到的赔偿金只有市价的十分之一。最惨的是，他可能会无家可归，因为城市内的房屋不足，他害怕不能找到一个遮蔽一家六口的房子，说不定他们得住在帐篷里，连能不能买到一顶帐篷，他也觉得成了一个大问题。

他农场上的水井干枯了，因为他房子附近正在挖一条运河。再花 500 美元重新挖个井，等于把钱丢到水里，因为这片土地已被征收了。现在他每天

早上得运水去喂牲口，可能要搞两个月，说不定后半辈子都得这么累了。

他住在离商业学校十英里远的地方，限于战时的规定，他又不能买新轮胎，所以他总是担心那辆老爷福特车，会在前不着村后不着店的荒郊野外抛锚。

他的大女儿提前一年高中毕业，她下定决心要念大学，他却筹不出学费，她会因此而心碎的。

……

一天下午，史密斯正坐在办公室里为这些事忧虑着，他忽然决定把它们全部写下来，因为这些困难好像已超出他的控制范围。看着这些问题，他觉得束手无策。

可是一年半以后的一天，史密斯在整理东西时，发现了这张纸片，上面记载着他曾经有过的巨大烦恼。但有趣的是，他发现其中没有一项真正发生过：

担心学校无法办下去是没有意义的，因为政府开始拨款训练退役军人，他的学校不久就招满了学生；担心从军的儿子也没有意义，他毫发无损地回来了；担心土地被征收去建机场也是无意义的，因为附近发现了油田，因此不可能再被征收；担心没水喂牲口是无意义的，既然他的土地不会被征收，他就可以花钱掘口新水井；担心车子在半路上抛锚是无意义的，因为他小心保养维护，倒也坚持下来了；担心长女的教育经费是无意义的，因为就在大学开学前6天，有人奇迹般地提供她一份从事稽查的工作，可以用课后的时间兼差，这份工作帮助她筹足了学费。

通过史密斯先生的故事你可以看出，99%的忧虑其实是不会发生的。斯密斯先生直到看到自己这张烦恼单，史密斯先生才明白自己担心的那些事情根本毫无意义。为了也许根本不会发生的事而饱受煎熬，是一件愚蠢的事。今天正是你昨天忧虑的明天。在忧虑时不妨问问你自己：我怎么知道我所忧虑的事真的会发生？生活原本应该是轻松的，但是之所以有很多人存在挥之不去的烦恼，不是因为这个世界快乐太少，而是因为我们在庸人自扰。下次当你再次为了这些可能不会发生的小事忧虑时，也许你可以学学下面的松鼠太太：

"睡觉吧，别再想了，明天还是一样能过去的。"松鼠太太劝慰丈夫说。松鼠丈夫辗转反侧，一直没有入睡。

"你说，我能不急吗？"松鼠先生满面愁容，"为了办我们的坚果加工厂，我向邻居松鼠苦苦相求，好不容易才借了一笔钱，眼看明天就要还钱了。可是，我们的加工食品还没有出厂呢，我拿什么还啊！那个邻居爱钱如命，催得比什么都紧，明天可怎么过啊？"说完又叹了一口气。

松鼠太太说："睡吧，到了明天自然会有办法的。"

"可是真的一点办法都没有了。"丈夫抱着头闷声闷气地说。

松鼠太太忍无可忍，她跳出树洞，对着邻居高喊："我丈夫明天可是没有钱还你们的！"

她又回到床上，对丈夫说："我想现在是他们睡不着了！"

不一会儿，松鼠先生就睡着了。

松鼠太人的做法是非常高明的，她早就明白，只要调整自己的情绪，就会发现别人比自己更烦恼。大多数时间里，要想克服一些小事情所引起的困扰，只要把自己的看法和重点转移一下就可以了——让你有一个新的、能使你开心一点的看法。

担心不会让现实有任何改变，与其无止境地担心下去，不如及时调整自己的心态，这样生活才不会那么累！

7. 选择好的就是摆脱坏的

生活本身就是由一个选择接着又一个选择组成的。情绪亦然，你可以选择以积极的情绪面对眼前的一切，也可以选择以消极的情绪来面对。而前者会让人收获幸福与快乐，后者却会让人更加消极。可是，无论我们选择了哪一个就是放弃了另外一个，所以我们干嘛不选择好的摆脱坏的呢？

乔治是那种让你爱极生恨的家伙，他心情永远都那么愉快，总有些积极奋进的话要讲。若有人问他最近怎么样，他会回答："要是再好些，我就成孪生子了！"他天生就是一个令人奋进的因子。

如果有职员某天很不顺心，乔治将告诉他应该怎样看待境遇的积极面。他的这种方式确实让周围的人很好奇。当别人问及他怎么做到每天都如此积极乐观时，乔治回答道："每天早上醒来后我都会对自己说：'乔治，今天你有两种选择，可以选择好心情，也可以选择坏心情。'我选择了好心情。每次发生不开心的事情时，我有权选择是成为牺牲品还是从中汲取教训。我选择后者。每次有人来找我诉苦，我可以接受他们的抱怨，也可以向其指出生活的积极面。我选择后者。"

提问者也认为这样很有道理，但是却认为长期那样做非常不容易。

"其实容易得很，"乔治说，"生活充满了选择。当你去除所有乌七八糟的东西后，每种情形都是一种选择。怎样面对生活中的各种境遇，别人会对你的情绪产生怎样的影响，你的心情是否愉快等，都由你自己去选择。简而言之，怎样生活由你自己去选择。"

乔治的确能够选择自己以怎样的情绪面对生活，但是却无法避免突发事件的发生。几年后，他遭遇了一场恶性事故，从一座 60 英尺高的通信塔上摔了下来。

历时 18 个小时的手术后，经过几个星期的精心护理，他出院了，但背部还有金属支架。事故发生半年后，偶遇的朋友问他近况时，他开朗地说："若我还能再好些，我就是孪生子了。想看一下我的伤疤吗？"朋友没有看他的伤疤，只是问了一些关于事故发生时他的一些想法。

"我最先想到的是快要出生的女儿，"乔治答道，"当我躺在地上时，我想起自己可以选择活着或死去。我选择了活下来。"

朋友问他："难道你没害怕吗？当时你是不是失去知觉了？"乔治继续说道："那些护理人员太伟大了。他们一直告诉我说我会好起来的。可是当他们把我推进手术室时，我看到这些医护人员的表情，我的确害怕极了。从他们的眼中我读到：'这个人必死无疑。'我知道我必须得行动了。"

朋友又问："你怎么做的？""有一位身材高大魁梧的护士高声地喊着问我问题，"乔治说，"她问我对什么过敏。'是的，'我说。医生和护士都停下来等着我的回答。我深吸一口气大喊道，'地心引力。'他们笑了。尔后我对他们说，'我选择活下来。让你们把死人当活人医。'"

于是，乔治活了下来，这多亏那些医术高超的医护人员，当然也因为他那种令人惊异的态度。从乔治身上，我们可以得到这样的启示：生活充满了选择，而那个选择的人就是我们自己。

乐观与悲观部分是与生俱来的，但天性也是可以改变的。所以，当遭遇厄运时，你选择逃避还是面对？困难来临时，你选择退缩还是迎上？痛苦袭来时，你选择悲观叹气还是微笑面对？危及生命时，你选择坐以待毙还是积极求生？人生就是这样的单项选择题，你选择什么样的答案，你就会得到什么样的结果。

8. 给坏情绪一个发泄口

一天深夜，一个陌生女人打电话来说："我恨透了我的丈夫。"

"你打错电话了。"对方告诉她。

陌生女人好像没有听见，滔滔不绝地说下去："我一天到晚照顾小孩，他还以为我在享福；我每天都操持家务，他什么忙都不肯帮；有时候我想独自出去散散心，他都不肯；自己却天天晚上出去，说是有应酬，谁会相信……"

"对不起。"对方打断她的话，"我不认识你。"

"你当然不认识我。"她说，"我也不认识你，我只是要找个人诉苦。现在我说了出来，舒服多了，谢谢你。"她挂断了电话。

不良情绪产生了该怎么办呢？一些人认为，最好的办法就是克制自己的感情，不让不良情绪流露出来，做到"喜怒不形于色"。但这显然是不正确的，我们说过，情绪是不能堆积的。而且即使你掩饰得再好，也不能掩盖它存在的事实。你需要做的不是假装自己的坏情绪不存在，而是需要给它找一个排泄口，即使疏导才不会让情感的堤坝决堤。再者说，情绪的丰富性是人生的重要内容。生活如果缺少丰富而生动的情绪，将会变得呆板而没有生气。如果大家都"喜怒不形于色"，没有好恶，没有喜怒哀乐，那么，人就会变成只会说话和动作的机器人了。

强行压抑自己的情绪，硬要做到"喜怒不形于色"，把自己弄得表情呆板，情绪漠然，不是感情的成熟，而是情绪的退化，是一种病态的表现。那些表面上看起来似乎控制住了自己情绪的人，实际上是将情绪转到了内心。

任何不良情绪一经产生，就一定会寻找发泄的渠道。当它受到外部压制，不能自由地宣泄时，就会在体内发泄，危害自己的心理和精神，造成的危害会更大，因此，对于自己的坏情绪偶尔发泄一下其实是一种正确的做法。

　　压抑情绪或许可以暂时解决问题，但是等于逐渐关闭了心门，变得越来越不敏感。虽然你不会再受到负面能量的影响，却逐渐失去了真实的自我。你变得越来越理智，越来越不关心别人。或许你可以暂时压抑情绪，但在不知不觉中，压抑的情绪终将反过来影响你的生活。如果我们一味强化理性，压抑感情。总有一天，你会发现，你已背负了沉重的心理负担。

　　一个高情商的人完全能够定期排除负面能量，而不是依靠压抑情感来解决情绪问题。敏感的心是实现梦想的重要动力，学会排除负面情绪，这些情绪就不会再困扰你，你也不必麻痹自己的情感。你学会如何排除负面能量后，这些累积多时的负面情绪就会逐渐消失。此外，你还必须积极策划每一天，以积蓄力量，尽情追求梦想，这是你最好的选择。

　　生活中，大概谁都会产生这样或那样的不良情绪。每一个人都难免受到各种不良情绪的刺激和伤害。但是，善于控制和调节情绪的人，懂得将不良情绪产生及时排出体外，只有这样才能最大限度地减轻不良情绪的破坏性影响，让自己变得轻松起来。

9. 及时调整坏情绪的小方法

在希腊雅典奥运会的男子双人 3 米跳板决赛上，彭勃和王克楠的分数遥遥领先，在那种情况下，即使他们的最后一跳出现失误，冠军也是跑不了的。然而，大概是因为第一次参加奥运会，王克楠情绪起伏很大，又是高兴，又是紧张。他最后一跳竟然直接从板上摔进了水里。当时的解说员前跳水世界冠军熊倪称这种失误是一个跳水运动员根本不可能出现的。

由于被起伏的情绪所累，王克楠与奥运金牌失之交臂，留下了一辈子的遗憾。试问，如果他懂得觉察自己的消极情绪状态，懂得当时就调整好自己的情绪，这样的遗憾还会发生吗？

虽然，调整情绪、提高情商是一个长时间慢慢改造的过程，可是我们的情绪却不会慢条斯理、心平气和地到来。它总是那么疾风骤雨、排山倒海打得我们措手不及。面对这种情况我们应该怎么处理，在当时就不让它造成恶劣的影响呢？也许你可以尝试以下小方法：

（1）深呼吸法

这主要是针对情绪突然紧张的人而言的，当你感到极度紧张时，你需要立刻找一个比较安静的地方，闭起眼睛，全身放松地站着深呼吸，同时默数"1－2－3"，吸气要深、满，吐气要慢、匀……紧张的情绪就会得到一定的缓解。

（2）扮怪脸法

如果你的身边有镜子或者其他反光体，那就不妨对着它扮几个鬼脸：歪嘴扭唇、抬鼻斜眼都可以。一方面可以放松面部肌肉；另一方面可以转移自己的注意力。

（3）精神胜利法

目的就是为了寻找一种心理平衡，但是对情绪受到影响的人会有一定的帮助，这时候你要告诉自己："我平时就是最优秀的，如果我都不行，那么别人肯定也不行。"

（4）临场活动法

科学研究表明，紧张情绪会使体内产生大量的热能，而原地走动、小跑、摇摆、踢腿等活动可以释放消极情绪产生的热量，缓解消极情绪。

（5）闭目养神法

闭目，尽量让自己的大脑停止转动，舌抵上腭，经鼻吸气，安定神情。

（6）凝视法

一直观察某个物体，细心分析、琢磨它的颜色、形状等，这样可以将注意力从让我们情绪消极的事情上转移开。

（7）消遣法

夸张、逗趣的漫画，悠扬地音乐，让人爆笑的影视作品都可以使人心情开朗、情绪高涨，重新占据优越感，恢复自信心。

（8）自我暗示法

自己告诉自己："我准备得很充分，一定可以成功""紧张和担心都是无谓的，毫无意义"等。

（9）类比法

观察周围人的状态，从情绪不好的人身上寻找心理平衡，从情绪好的人身上感受好情绪。

（10）联想法

回想那些自己曾经取得的成功，想想令人惬意的景象，比如：蓝天白云、微风、流水等。

（11）系统脱敏法

将自己想要达到的效果、害怕承受的后果——列在白纸上，然后将它们按照程度进行排序，接着从程度最浅的开始，对害怕的后果，告诉自己"即

使那样，天也不会塌"；对自己期望达到的，告诉自己"即使不能，像现在这样也不差"。

对于消极情绪，我们应该灵活调整，有时候，要速战速决，找到消极情绪的根源事件，通过解决事情来解决情绪问题；有时候，我们要稍作颓然回避，将注意力转移积极的一面，等情绪一定好转后再进行处理；有时候，要"以柔克刚、四两拨千斤"……

当我们不断利用各种各样的技巧来处理管理自己的情绪时，我们对自己的认知程度就一步步提高，同时，情商也是随之提高。

第四章
为自己加油喝彩

　　每个人都是不同的个体，都有属于自己的精彩，我们完全没有必要躲在自卑的躯壳里自惭形秽。为自己的人生加油喝彩吧，用这种最平常、最廉价，也最可靠、最有效的方式去发掘发掘自己体内蕴含的宝藏，你会发现自己原来如此富有。

1. 别把宝藏带进坟墓

一个老印第安人一夜之间暴富，立刻买了一辆豪华轿车。他每天都会开车去附近又热又脏的小镇一趟。他希望看见每一个人，也希望别人都看见他。他待人和善，总是"开着"车左弯右绕地穿过小镇，去和每一个人说话。

但这并无损于他的身体和财富，原因很简单，这辆大而美丽的轿车是由两匹马拉着的。

你可能会认为，老人的汽车引擎有问题，其实，并非如此，汽车引擎没一点毛病。只是老印第安人不知如何插进钥匙去发动它。

车内有上百匹马力等着发动，但这个老印第安人却在外面用两匹马拉着它。是不是很可笑？其实如果你不积极开发自身的潜能，就会犯和老印第安人同样的错误。

我们每个人身上，都有着没有被发掘的潜能，但我们却不懂得运用，而让它白白浪费了。许多普通人总是带着从未演奏过的乐章走进坟墓，不幸的是那些乐章往往是最美妙的旋律。

其实，原本我们可以生活得更美好，也可以更轻松，但是我们却不知道善加利用自身的资源，结果就无法享受那种惬意和愉快，即使是本应该享有的荣誉也黯淡了。睁大眼睛吧，看看你身上还有哪些没有开发出来的潜力。然后，将其利用起来，让它成为你实现人生目标的动力。

每天早上醒来，你荷包里的最大资产是 24 个小时——你生命宇宙中尚未制造的材料。认识自我，你就是一座金矿，你就一定能够在自己的人生中展现出应有的风采。每个人都有巨大的潜能，每个人都有自己独特的个性和长处，每个人都可以通过自省发挥自己的优点，通过不懈地努力去争取成功。

人应该展望未来，真正认识自己拥有的一切。100 多年前，美国费城的 6 个高中生向他们仰慕已久的一位博学多才的牧师请求："先生，你肯教我们读书吗？我们想上大学，可是我们没钱。我们中学快毕业了，有一定的学识，你肯教教我们吗？"

这位牧师名叫 R·康惠尔，他答应教这 6 个贫家子弟。同时他又暗自思忖："一定还会有许多年轻人没钱上大学，他们想学习但付不起学费。我应该为这样的年轻人办一所大学。"

于是，他开始为筹建大学募捐。当时建一所大学大概要花 150 万美元。

康惠尔四处奔走，在各地演讲了 5 年，恳求大学为出身贫穷但有志于学的年轻人捐钱。出乎他意料的是，5 年的辛苦筹募到的钱还不足 1000 美元。

康惠尔深感悲伤，情绪低落。当他走向教堂准备下礼拜的演说词时，低头沉思他发现教室周围的草枯黄得东倒西歪。他便问园丁："为什么这里的草长得不如别的教堂周围的草呢？"

园丁抬起头来望着牧师回答说："噢，我猜想你眼中觉得这地方的草长得不好，主要是因为你把这些草和别的草相比较的缘故。看来，我们常常是看到别人美丽的草地，希望别人的草地就是我们自己的，却很少去整治自家的草地。"

园丁的一席话使康惠尔恍然大悟。他跑进教堂开始撰写演讲稿。他在演讲稿中指出：我们大家往往是让时间在等待观望中白白流逝，却没有努力工作使事情朝着我们希望的方向发展。

他在演讲中讲了一个农夫的故事：有个农夫拥有一块土地，生活过得很不错。但是，当他听说要是有块土地的底下埋着钻石的话，他只要有一块钻石就可以富得难以想象。于是，农夫把自己的地卖了，离家出走，四处寻找可以发现钻石的地方。农夫走向遥远的异国他乡，然而却从未能发现钻石，最后，他囊空如洗。一天晚上，他在一个海滩自杀身亡。

真是无巧不成书！那个买下这个农夫的土地的人在散步时，无意中发现了一块异样的石头，他拾起来一看，它晶光闪闪，反射出光芒。他仔细察看，发现这是一块钻石。这样，就在农夫卖掉的这块土地上，新主人发现了从未被人发现的最大的钻石宝藏。

这个故事是发人深省的，康惠尔写道：财富不是仅凭奔走四方去发现的，它属于自己去挖掘的人，只属于依靠自己的土地的人，只属于相信自己能力的人。

康惠尔作了 7 年这个"钻石宝藏"的演讲。7 年后，他赚得 800 万美元，这笔钱大大超出了他想建一所学校的需要。

今天，这所学校竖立在宾夕法尼亚州的费城，这便是著名学府坦普尔大学——它的建成只是因为一个人从朴素的故事里得到的启迪。

这个故事告诉我们生活的最大秘密——在你身上拥有钻石宝藏。你身上的钻石宝藏就是潜力和能力。你身上的这些钻石足以使你的理想变成现实。你必须做到的只是更好地开发你的"钻石"，为实现自己的理想付出辛劳。

我们对自己是有责任和义务的，本着对自己负责的态度，我们也应该重新认识自己。只要我们不懈地挖掘自己的钻石宝藏——不懈地运用自己的潜能——我们就能够做好自己想做的一切。

2. 自卑与自信的对话

自卑是自己或者我们的事物不及别人的事物好的不满足感，它是一种性格上的缺陷。表现为对自己的能力、品质评价过低，同时可伴有一些特殊的情绪体现，诸如害羞、不安、内疚、忧郁、失望等。

自卑是人生命进程中的产物，但它并不是人生命本身的实质。因此在人类众多欲望和需求中，自卑并不占有一席之地，它是后来挤进生命之中的杂物，是伴随人的需要不能满足而生的寄生物。

而自信体验的是人生光明、甘甜和美妙的一面，自信给予人的是生命的希望和对未来美好的憧憬。人类社会能从茹毛饮血，发展到电子时代，从燧人氏的钻木取火，发展到今天的核能发电，就是凭借自信的力量。没有自信，人类将一事无成，没有自信，个人将毫无价值。

自卑心理的产生是由于经常遭受失败和挫折造成的。一个人经常遭到失败和挫折，其自信心就会日益减弱，自卑感就会日益严重。自卑的产生会抹杀掉一个人的自信心，本来有足够的能力去完成学业或工作任务，却因怀疑自己而失败，显得处处不行，处处不如别人。由于自卑的情绪影响到了生活和工作，所以给人的心理、生活带来的不良影响亦很大。

自信源于自尊，自尊是人的高级需要。人与动物的根本差异就在于，人能在自我意识的支配下，将人的低级需要向高级需要延伸。人没有被自然本能所淹没，就在于他有自尊感，个人没有完全消失而独立存在，就在于每一个人都期望于自尊自重，并努力地去满足于自尊自重的需要。

重拾自信是可以跨越自卑的，也是战胜自卑的有力武器。因为自信不是对生命的失望、无助、无奈，以及对生命的伤感、悲愤和苍凉，而是充满着对生命的信心，体现着生命中主动积极明亮的旋律，是生命的光点。只有自己轻视自己，别人才会轻视你。生命的价值，在不同的环境里就会有不同的意义，只要自己看重自己，自我珍惜，生命就有意义和价值。

在许多成功者的身上，都可以看到超凡的自信心所起到的巨大作用。这些事业取得成功的人，在自信心的驱动下，敢于对自己提出更高的要求，并在失败的时候看到希望，最终获得成功。

也许有人说："我自卑，我做任何事都没有信心，怎样才能获得信心呢？"

你可以试着从成功的回忆中建立成功的自我形象中获得。当你怀疑自己的能力，并为自卑感所困扰的时候，你不妨从过去的成功经历中吸取养分，来滋润你的信心。

不要沉溺于对失败经历的回忆，要将失败的意象从你脑海里赶出去，因为那是一个不友好的来访者。失败不是人生主要的一面，只是偶尔存在的消极面，是人心智不集中时开的小差。人们应该多多关注自己的成功，仔细回忆成功过程的每一个环节，看看当初自己是怎样成功的。

一连串的成功，贯穿起来就构成一个成功者的形象。它会强烈地向你暗示，你原来是具有决策力和行动力的，你能够导演成功的人生。正如英国的罗伯·希里尔所说的："对自己有信心，是所有其他信心当中最重要的部分，缺少了它，整个生命都会瘫痪。"为了不让自己的生命瘫痪，现在就开始摆脱自卑，树立自信吧，相信自己，你可以的！

3. 做自己的"皮格马利翁"

在古希腊的神话里有这样一个故事：

生活在塞浦路斯的一个雕刻师，名叫做皮格马利翁。他倾注毕生的心血，夜以继日、废寝忘食地工作，终于用象牙成功地雕刻了一尊爱神雕像。这尊雕像经过他的艰辛雕琢，显得超凡脱俗、神韵兼备，于是皮格马利翁不禁爱上了这尊雕像，逐渐相思成疾、憔悴不堪，直到奄奄一息。

他的一再恳求，请爱神维纳斯赋予这尊雕像以生命。维纳斯被他的痴迷所感动，终于同意了他的请求。他如愿以偿，和有了生命的雕像结了婚。

皮格马利翁的故事对后人的生活态度产生了深远的影响。心理学家还从这个故事中引申出一个新的名词：皮格马利翁效应。它体现的是一种暗示的力量，人心中怎么想、怎么相信就会如此成就，你期望什么，你就会得到什么，你得到的不是你想要的，而是你期待的。只要充满自信的期待，只要真的相信事情会顺利进行，事情一定会顺利进行。

赞美、信任和期待具有一种能量，它能改变人的行为，使人获得一种积极向上的动力，并尽力达到自我的期待。所以，在自我塑造的过程中，每个人都是自己的"皮格马利翁"。而在塑造的心理动机上，自我期待起了关键的推动作用。情商理论认为：自我激励的根本源泉是自我期待。一个人只有有所期待，才会在实际中不断激励自己。而一旦这种期待消失了，自我激励也就不复存在。想得到，便做得到。一个心存梦想的人便是一个自我期待的人。

玻尔从小就期待着成为一个出色的物理学家，但是他从小就反应迟钝。看电影时，他的思路老是跟不上电影情节的发展，总是喋喋不休地向别人提问，弄得旁边的观众对其厌恶至极。

在科学问题上他也是如此。一次，一位年轻的科学家介绍了量子论的新观点。大家都听懂了，可玻尔却没有听懂而提出疑问，年轻的科学家只好重新向他解释一遍。尽管如此，玻尔并没有降低对自己的期待值，他总是在不断地激励自己。他用勤学好问来弥补反应慢的缺点，对没弄懂的问题，没有理解的问题，他毫不掩饰，接二连三地提问，即便引起旁人的讨厌，他也毫不在乎。

玻尔说："我不怕在年轻人面前暴露自己的愚蠢。"也正是这位"愚蠢"的科学家，1942 年成为诺贝尔奖的获得者。

走进美国航天基地的人，会看到一根大圆柱上镌刻着这样的文字：If you can dream it, you can do it. 这句话可译为：如果你能够想到，你就一定能够做到。这就是自我期待的巨大力量，也是自我激励的力量。皮格马利翁做到了，玻尔做到了，所以你也一样可以做到。

自我激励是人生中一笔弥足珍贵的财富，在人生的前行中能产生无穷的动力。"当你感到激励自己的力量推动你去翱翔时，你是不应该爬行的。"一旦你拥有了自我激励的动力，你就在生命中插上了美丽的翅膀。它将带着你展翅翱翔，创造属于你自己的人生辉煌。

4. 欣赏你自己

一个小男孩头戴球帽，手拿球棒与棒球，全副武装地走到自家后院。

"我是世上最伟大的击球手。"他自信地说完，便把球扔到空中，然后用力挥棒，却打空了。不过他毫不气馁，把球从地上拾起来，又往空中一扔，然后大喊："我是世界上最厉害的击球手！"他再次挥棒，结果仍然落空。小男孩愣住了，大概过了十分钟的时间，他又仔细地对球棒与棒球进行了一番检查，然后再一次把球扔向空中，这次他仍告诉自己："我是最杰出的击球手。"可是第三次的尝试依然以失败告终。

在这种情况下，谁忍心看到一个自信的孩子被一而再、再而三的失败伤害后的面容？各位，不必这样，你根本看不到你想象的那一幕。因为这个男孩子在第三次失败后沉思了片刻，突然从地上高高跳起，"原来我是一流的投球手！"他兴奋地说。

小男孩勇于尝试，不断给自己打气、加油，使自己信心十足，尽管他一次都没有成功，但是他却毫无失落感，也没有一蹶不振，他不抱怨、不伤心，反而能从另一种角度来"欣赏自己"。

生活中有太多的人都习惯自怨自艾、自我批判，他们常说的是"我身材矮小"，"我能力不高"，"我总做不好事"……而不会像那个打棒球的小男孩一样换个角度来欣赏自己。倘若你总是在斤斤计较自己的平凡，总是在想方设法证明自己的失败，这样你就会每天为自己的想法找证据，结果就是你越来越觉得自己平凡、渺小，处处不如人。我们都是芸芸众生中的一员，都是平凡的小人物，但我们也有比别人优越的地方，大可不必自贬身价。

倘若一个人自己都无法欣赏自己，看不起自己，那么，这个人还怎么可能得到别人的欣赏呢？这样的人何来自强、自信、自爱、自省呢？也许你曾埋怨自己没有出身名门，也许你曾为命运的波折而苦恼，也许你曾为经历的坎坷而叹惋，可是，你有没有真正正视过自己呢？

在生活的强者面前，出身不过是一种符号，它同成功毫无瓜葛，只有弱者才对此斤斤计较。而命运本身就不是一碗放平的水，又岂能无忧无虑、平静无波？生命的激流中倘若没有顽石的阻挡，我们怎么会看到那美丽的浪花呢？

也许你想成为太阳，可你却只是一颗星星；也许你想成为大树，可你却只是一株小草；也许你想成为大海，可你却只是一条小河……于是，自卑便会笼罩着你。你总以为这是命运在捉弄你。其实，大可不必这样自怨自艾，你的生活和你所欣赏的人的生活一样，也有阳光，也有空气，也有寒来暑往，也有悲欢离合，也有艰难困苦……甚至你可能拥有别人未曾见过的一株草，别人未曾听过的一阵虫鸣……做星星也照样发热发光；做小草也一样装点希望……伟人总是少数，平凡并不可悲，只要扮演好自己的角色，生活就有阳光。

多数情况下，我们都只顾奔波，风尘满面步履匆匆，眼里看到的总是别人的美好，却忽视了对自己的欣赏。命运对任何人都是公平的，它不会给别人太多，也不会给你太少。多欣赏自己，你就会发现原来自己同别人一样有那么多的优点，甚至有别人没有的优点。对自己的赏识与肯定会让生活变得轻松而美好，会让人生幸福而辉煌。

5. 能站起来就是一种自信

一位父亲很为他的孩子苦恼，他的儿子已经十五六岁了，可是仍然自卑，一点男子气概都没有。于是，父亲去拜访一位禅师，请他训练自己的孩子。

禅师说："你把孩子留在我这里，三个月以后，我一定把他训练成真正的男人。"父亲同意了。

三个月后，父亲来接孩子。禅师安排孩子和一个空手道教练进行一场比赛，以展示这三个月的训练成果。

可是教练一出手，孩子便应声倒地。他站起来继续迎接挑战，但马上又被打倒，他又站起来……就这样来来回回一共 16 次。禅师问父亲："你觉得你孩子现在还自卑吗？"

这位父亲说："我简直羞愧死了！想不到我送他来这里受训三个月，看到的结果是他这么不经打，被人一打就倒。"

禅师摇摇头说："你只看到了表面的胜负，却没有看到你儿子那种倒下去立刻又站起来的信心和勇气，这才是真正的男子气概啊！"

没错，想要抛开自卑，树立自信，你首先要给自己的是站起来去面对的勇气。即使失败了，你也不会失去自我。因为，你知道在这个世界上你是独一无二的，即使找遍整个地球，也只有你一个，世界上根本不存在和你完全一样的人。每一个人都有自己的存在价值，你要做的充满快乐、充满希望地去生活、工作，做一个真正的自己。正如马尔兹所说："你不优越，也不卑下，你就是你。"

一件事的成功，往往需要很多因素。而事实上你只要具备其中做好事情的关键性因素，就可能获得成功，比如你被打倒后还能勇敢地站起来，这就是你具备成功的能力；而你在非关键因素上的非能力，并不会影响成功，即使你因为能力不足被打倒，那也并不影响你成为别人心目中一个有勇气的人。

但往往在外界影响下，我们对非能力的不自信，会导致对整个事情的不自信，从而导致失败。人无完人，每个人都有自己不能做的事，而人又是社会的，总会有人对你的非能力之事做出各种评价，甚至是诋毁。这时人往往会受到打击，会由于对自己非能力的不自信，而导致对自己能力的不自信。认为自己窝囊，什么事情都不行，这是一种可怕的"晕轮效应"，如不建立起自信，就会陷入可怕的怪圈，最终导致自己的失败。

比如，你应聘来到企业负责某项产品的市场营销工作，你相信自己对市场敏锐的感知，但你缺乏这方面的工作经验。于是，很多人在你面前或背后说，你做不好这件事，一定会失败，因为你没有经验。由于这些议论，你可能开始怀疑、畏缩，信心受到打击，从而造成失败。

但事实上，你一定要具备经验吗？不一定。你已经具备了创新的前提，虽然你没有经验，但你可以去学习，因此，你完全没有必要自卑。即使这一次的尝试失败了，你仍然可以选择其他的公司去尝试，没有必要在一开始就给自己下一个失败的圈套，等着自己往里钻。即使摔倒了又怎样？你还可以站起来，如果你害怕再次跌倒连站起来的勇气都没有了，那么你的人生才真的算是完了！

6. 常胜将军的幸运金币

有一位常胜将军，每次作战都胸有成竹，充满自信。即使是再难打的仗，他都能带领自己的士兵杀出一条血路，取得最后的胜利。原因就在于这位将军有一枚能给他和他的士兵带来好运的幸运金币。

每次战役前，将军都会集合所有将士，在一座寺庙前面，告诉他们："各位部将，我们今天就要出阵了，究竟打胜仗还是败仗？我们请求神明帮我们做决定。

我这里有一枚金币，把它丢到地下，如果正面朝上，表示神明指示此战必定胜利；如果反面朝上，就表示这场战争将会失败。"

每当听到这番话，部将与士兵都会虔诚祈祷磕头礼拜，求神明指示。而每次，神明仿佛总能听到他们的心声。每次将军将这枚金币朝空丢掷后，金币总能正面朝上。

于是士兵们立刻就会变得欢喜振奋，认为神明指示这场战争必定胜利。当部队开到前方时，每个士兵士气高昂，个个都信心十足，奋勇作战，果真打了胜仗。

这枚幸运的金币一直伴随着常胜将军打了很多年的胜仗，直到他不再做将军。他的部将在他临走时问："将军，您要走了，以后我们就再也没有幸运金币和神明的保佑了。"

这时，将军从怀里拿出那枚金币给部将看，才发现原来金币的两面都是正面。

这个世界上并没有什么神明，但是如果我们相信自己，那么我们就能成功，所谓的"天助自助者"也正是这个道理。

成功学告诉人们，成功是有公式的：成功＝想法＋信心。基于情商的自信，是在正确认识自己的前提下获得的，胜利始于个人求胜的意志和信心，胜利者都属于有信心的人。一个不能说服自己能够做好所赋予任务的人，不会有自信心。相信自己成功，鼓励自己成功，就会感到自己内在的振奋力量充分地显现出来，做什么事都感到力量倍增，轻而易举，甚至在无比艰难的情况下，也可以创造奇迹。

18 世纪末，只身探险航海之风席卷欧洲。几年中，有一百多名德国青年先后加入横渡大西洋的冒险行列，但这些青年均未生还。当时人们都认为，独自横渡大西洋几乎是不可能的事。

在这种情况下，精神病学专家林德曼却宣布，他将只身横渡大西洋。导致他作出这样决定的原因是，在医学实践中他发现，许多精神病人都是在某种外界压力下，自己丧失信心而导致了自己的精神崩溃。为此，林德曼想亲自实验一下，观察强化自信心对人的肌体和心理会产生什么样的效果。

林德曼独舟出航了，十几天后，在茫茫的海洋上，巨浪打断了桅杆，船舱进水。由于长时间的疲劳，睡眠不足，林德曼筋疲力尽，周身像撕裂一样的疼痛，肌体也逐渐失去了知觉，并出现生不如死的念头。但林德曼没有被击垮，他凭着顽强的意志与大风大浪搏斗。每每有胆怯的念头，他就对自己大声喊道："懦夫，你想死在大海里吗？不！你一定要成功，你一定能成功！"

在航行的日日夜夜，他将"我一定能成功"这句话同自身融为一体。正当人们认为林德曼难以生还的时候，他却奇迹般地到达了大西洋的彼岸。人们都叹服了，在他返回港口的时候，不计其数的人都相继赶来欢迎他的返航。

事后林德曼回忆说："以前这么多年，许多年轻人之所以失败，不是由于船体被打翻，也不是生理机能到了极限，而是精神上的绝望。"他更加确信：人们通过自我鼓励和强化自信心，完全可以战胜肉体上不能战胜的困难。

也许你没有常胜将军的幸运金币，可是你却可以成为那个常胜将军，因为你知道无论金币的哪一面朝上，你都会用坚定地信心尽自己的最大努力去获取成功！

7. 顽石 or 宝石？由你自己决定

有一个孤儿，生活无依无靠，他很迷惘和彷徨，只好四处流浪。一天，他走进一座寺庙，拜见那里的高僧。孤儿说："我什么技术都没有，该如何生活啊？"

高僧说："那你为什么不去找些事情做呢？"

"像我这样的人能做什么呢？"孤儿说。

高僧把他带到后院里一处杂草丛生的乱石旁，指着一块陋石说："你把它拿到村里的集市上去卖，但是不管谁出多高的价钱都不要卖掉。"

孤儿依言抱着石头疑惑地来到集市，在一个不起眼的地方蹲下来。可是，那是一块陋石啊，根本没有人把它放在眼里。

第一天过去了，第二天过去了。到第三天时，有人开始来询问。第四天，真的有人来要买这块石头了，第五天，那块石头已经能卖到一个很好的价钱了。

孤儿去找高僧，高僧说："你把石头拿到石器交易市场去卖，但还要记住，无论多少钱都不要卖。"

于是孤儿又把石头拿到石器交易市场，三天后，渐渐有人围过来问。接着，问价的人越来越多，石头的价格已被抬得高出了石器的价格，而孤儿依然不卖。越是这样，人们的好奇心越强，石头的价格还在不断地抬高。

孤儿又去找高僧，高僧说："这次你再把石头拿到珠宝市场去卖……"

同样的状况又出现了，这块石头甚至最后引起整个市场的骚动，石头的价格不仅被炒得比珠宝的价格都要高，而且有一家古玩店的老板甚至愿意用自己的三家古玩店来跟孤儿做交易。

孤儿又去找高僧，高僧说："世上人与物皆如此，如果你认定自己是一块不起眼的陋石，那么你可能永远只是一块陋石，如果你坚信自己是一块无价的宝石，那么你就是那块宝石。"

一块不起眼的石头，由于孤儿的坚信而提升了它的价值，人就像这块石头一样。每个人都隐藏着自己的信心，但是高情商者更容易发挥自信心。高僧其实就是在挖掘孤儿情商中的信心潜力，就像那个孤儿一样，一旦有了做宝石的信心，那么就能成为万众瞩目的焦点。

生活中大部分的人之所以选择像石头一样平庸地过完一生，是因为他们没有信心去发现自己的价值。他们把自己摆在一个平凡的环境中廉价出卖，自然不可能卖到好价钱。不要总是推说自己资质有限，没有能力胜任更高的职位或者取得更大的成就。其实如果单从能力和智力上而言，人与人的差距又有多大呢？

真正将人们的距离拉开的其实就是一个人的情商，因为你没有自信将自己的能力发挥出来，你害怕别人发现你是一块陋石，所以你不敢把自己放到珠宝市场去叫卖。但是，你想过没有，其实每个人都曾经是一块陋石，但是当一个人拥有自信时，陋石的内心也便长出了璞玉，让自己变得价值连城。

8. 跟自己说："笑一笑呀！"

　　一定要让自己乐观起来，因为它能给人充足的自信和必胜的力量。乐观是一个有志于缔造影响力的人最基本的素质，是获得成功的基石。无论现实中的环境是不是足以让你满意，如果你悲观，那现实还是如此的话，干嘛不让自己轻松一些呢？

　　一个名叫英格莱特的人，很多年前，他得了一场大病，当他康复以后，却发现又得了肾脏病。他去找过好多个医生，甚至去找密医，但谁也没办法治好他。

　　之后不久，他又患上了另外一种病，血压也高了起来。他去看一个医生，医生说他已经没救了，患这种病的人离死亡不会太远，他建议英格莱特先生，最好马上料理后事。

　　英格莱特只好回到家里，他弄清楚他所有的保险全都已经付过了，然后向上帝忏悔自己以前所犯过的各种错误，坐下来很难过地默默沉思。

　　家里人看到他那种痛苦的样子，都感到非常难过，他自己更是深深地陷入颓丧的情绪里。

　　这样，一周过去了，英格莱特先生对自己说：你这样子简直像个傻瓜。你在一年之内恐怕还不会死，那么趁你现在还活着的时候，为何不快乐一些呢？

　　他挺起胸膛，脸上开始绽出微笑，试着让自己表现出很轻松的样子。开始的时候，他极不习惯，但是他强迫自己很快乐。他每天都会对着镜子跟自己说："笑一笑呀！"

　　接着他发现自己开始感觉好多了——几乎跟他装出的一样好。这种改进持续不断。他原以为自己早已躺在坟墓里，但现在，他不仅很快乐，很健康，活得好好的，而且，他的血压也降下来了。

"有一件事我可以肯定的是：如果我一直想到会死、会垮掉的话，那位医生的预言就会实现。可是，我给自己的身体一个自行恢复的机会，别的什么都没有用，除非我乐观起来。"英格莱特先生自豪地说。

是的，他现在之所以还活着，是因为他发现了乐观这个秘密。

不同的目光看同样的事物，就会有不同的思想，是正面的还是负面的，这要取决个人的情商。有时候，个人的心态往往决定了事情结果，人们在做事情时，首先要树立一个乐观的心态，不能让太多的阴云迷蒙了我们的心灵。

尽管世界上还有很多邪恶的、不尽如人意的东西存在，但是事情发展的总趋向还是和我们追求完美的理想和谐一致的。没有人喜欢面对困难和不幸，但情商高的人把它当作成长的机会。人们正是通过对与邪恶的不断克服和消灭来发现、选择和创造美好的东西的；人们也正是通过遭受苦难和做出艰苦的努力来攀登幸福的巅峰的，所以不要为暂时看不见太阳而悲观丧气，丢掉了原本的好心情。

记住，快乐是天赋权利。如果，你正感觉自己在失去这种权利，那么你就需要拿出属于自己的镜子，对自己说："笑一笑呀！"然后，保持你的微笑，耐心等待，总有乌云散尽的一天。

9. 苹果里有一颗星星

孩子回到家里，向父母讲述幼儿园里发生的故事："爸爸，你知道吗，苹果里有一颗星星！"

"是吗？"父亲轻描淡写地回答道，他想这不过是孩子的想象力，或者老师又讲了什么童话故事了。

"你是不是不相信？"孩子打开抽屉，拿出一把小刀，又从冰箱里取出一只苹果，说道，"爸爸，我要让您看看。"

"我知道苹果里面是什么。"父亲说。

"来，还是让我切给您看看吧。"孩子边说边切苹果。

切错了！我们都知道，"正确"的切法应该是从茎部切到底部窝凹处。而孩子却是把苹果横放着，拦腰切下去。然后，他把切好的苹果伸到父亲面前："爸爸你看，里头有颗星星吧？"

的确，从横切面看，苹果核果然显示出一个清晰的五角星状。许多人一生不知吃过多少苹果，总是规规矩矩地按"正确"的切法把它们一切两半，却从未想到苹果里居然还藏着一颗星星。

孩子不是第一个从苹果里切出星星的人，不论是谁，第一次切错苹果，大凡都是出于好奇，或由于疏忽所致。而这深藏其中，不为人知的图案竟具有如此巨大的魅力，它先是不知从什么地方传给孩子，接着便传给父母，又传给更多的人。而这也告诉我们：换个视角看问题，我们看到的世界将是不同的。这就是为什么高情商的人会把看起来不怎么令人愉快的事情变得愉快的原因，他们只是换了个角度而已。

"如果有个柠檬，就做一杯柠檬水。"这是一个聪明人的做法，而傻子的做法正好相反，要是他发现生命给他的只是一个柠檬，他就会自暴自弃地说："我垮了。这就是命运，我连一点机会都没有了。"然后他就开始诅咒这个世界，让自己沉浸在自怨自艾中。

可是当聪明人拿到一个柠檬的时候，他就会说："从这件不幸的事情中，我可以学到什么呢？我怎样才能改善我的情况，怎样才能把这个柠檬做成一杯柠檬水呢？"不信请看下面的例子：

当一位快乐的农夫买下那片农场时，也不免会觉得非常沮丧。那块地坏得既不能种水果，也不能养猪，能生长的只有令人心惊胆战的响尾蛇。但他想到了一个好主意，他要利用那些响尾蛇。他的做法使每一个人都很吃惊，他开始做响尾蛇肉罐头，并开发以响尾蛇为主题的旅游。每年来参观响尾蛇农场的游客差不多有两万人。为此人们把这个村子改名为"响尾蛇村"，就是为了纪念这位把有毒的柠檬做成了甜美柠檬水的先生。

来自哈佛大学的一个研究发现，一个人若得到一份工作，85%取决于他的态度，而只有15%取决于他的智力和所知道的事实与数字。

有一个巨人总是欺负村里的孩子。一天，一个17岁的牧羊男孩来看望他的兄弟姐妹。他问他们："为什么你们不起来和巨人作战呢？"他的兄弟们吓坏了，回答说："难道你没看见他那么大，是很难被打倒的吗？"

但这个男孩却说："不，他不是太大打不了，而是太大逃不了。"后来，这个男孩根据巨人的特点，用一个投石器杀死了巨人。

这个故事中的小男孩没有像其他人一样，总是一味地肯定巨人的长处，他找出巨人致命的薄弱环节。小男孩不只看到了自己的矮小，力量微弱，更看到了自己的聪明和灵活。其实，很多时候并不是老天不公平，不让我们在生活中有所作为，而是我们在许多时候只看到了别人的优点和自己的缺点，这种常常出现的双重打击，我们怎么能够承受，又怎么能够成功呢？

既然态度如此重要，那么，为什么不让自己再积极一点呢？保持积极的态度，认真地投入，敬业地去做事情，不仅可以超越自我，发挥自己的潜能，而且还可以帮助我们跨越成功的障碍。在没有别的绝对优势时，比别人多投

入一些，更积极一些，再耐心一些，你就可以创造出比别人更多的优势。

同样一件事情，因角度不同、态度不同，就会产生不同的认知。凡事多往好处想，则可以少生烦恼和苦闷，而多有喜乐和平和。

为什么有些人就是没办法把事情往好的方面想呢？其实，只要你把想法稍微转换一下，人生就会一片海阔天空。有些人是因为有心理障碍，譬如说，年纪轻轻就秃了头，所以不喜欢到人多的地方去。结果他们就会变得毫无干劲，凡事都习惯往坏的方面想。

想要改善这种情况，首先你必须让自己知道，别人并没有像你所想象的一样在意。对于你的秃顶，也许刚开始他们会觉得有些惊讶，可是不久之后他们就不会再特别注意了。如果你清楚地了解到这一点，那么想要改变自己就不是什么难事了。

正面的思想带来积极的效果，负面的思想带来消极的效果，你会选择哪一种呢？

在生活中，是你的内心世界在起作用，而使你上进的内部动力就是你的优势所在。只要你换一个角度看问题，不断地延伸自己、开拓未知的领域，肯定会发现一个不一样的自己，因为每个人的心里都住着一颗"星星"，而你，有责任找到它！

10. 约翰的梦想清单

世界著名的探险家约翰·高德从小就是一个敢于梦想、敢于挑战的人。在他 15 岁时，就已经给自己一生的梦想列好了一张清单，上面密密麻麻地列出了 127 个他希望达成的目标：

探险尼罗河，攀登埃佛勒斯峰，研究苏丹的原始部落，5 分钟跑完 1 英里，把《圣经》从头到尾读一遍，在海中潜水，用钢琴弹《月光曲》，读完《大英百科全书》和环游世界一周……

约翰按照自己清单上的目标，一个一个地完成了自己的梦想，而且在一生当中从未间断过。到他 72 岁时，他已完成 127 个目标中的 105 个，这其中包括许多其他令人兴奋的事。

当然，他的梦想并没有停止：他还想访问全球 141 个国家，目前他只去过 113 个；他还有全程探险中国的长江的打算；他甚至想到月球去访问等等充满挑战的冒险……

约翰的梦想清单上有一个个被完成的梦想，也有随着自己成长不断追加的梦想。约翰的一生都活在梦想里，只不过这些梦想跟别人的不同，别人的还在梦中，而他的已经成真。

梦想是一件美妙的东西，它能激发人们的潜能，是能引导你走向成功的极大力量。当人们梦想时，就会触动心灵深处发生作用，这时候从心底就会引发反作用，从而产生外在的复杂的效应。这种作用当然是无限大的。日本有一句古谚"一念澈岩"，意思是只要去梦想，即使是又大又硬的岩石，也可以被人的心意贯穿。当人的梦想在心灵深处作用时，就可以把不可能变为可能。梦想可以凭借心灵的作用，使事情的结局如己所愿，运势被打开。这样，

最后自己的梦想就会成真。

　　当然，梦想并不是抽象的东西，也不是不可捉摸、虚无缥缈的东西。但除非你把梦想实现，否则它永远是个梦。那些终生无目的地漂泊、胸怀不满的人，他们并没有一个非常明确的目标，只有不切实际的梦想。没有目标，就难以产生前进的动力，梦想就变得遥远。

　　高情商的人，懂得如何前进，他在中途竖立许多小目标，对于最近的目标积极地付出努力，因为这些是可以在比较短的时间内实现的。他达到这个小目标的时候，觉得有了进步，便充满了信心。稍微休息一下，便又鼓起劲来，去冲向下个目标……梦想是由目标的珠子连接起来的，凭借着有目标的梦想使他们产生不满足，因不满足而激励他们加倍地奋斗，当目标一个个被实现，梦想也就成真了。

　　所以，也许每个人都应该给自己列一张梦想的清单，然后照着上面的目标，一点一点地去完成。因为，成功者都不是空洞的梦想者，他们首先敢于做梦，接着便付出艰辛的努力，填平每个目标和梦想之间的鸿沟，从而达到理想的彼岸。

11. "飞行祖母"的启示

在美国的加利福尼亚洲，有这样一位老太太，她是美国年龄最老的一名飞行员，她就是萨迪·邦克夫人，她拿到职业飞行员资格的时候已经 65 岁，所以人们都称她誉为"飞行祖母"。在三年前，她决定当一名职业飞行员时，遭到了所有人的反对，这对一位年过花甲的老人来说几乎是一件不可能完成的任务。

可是她并没有因此而放弃自己的梦想，相反，她不停地学习、训练，终于拿到了别人梦昧以求的职业飞行员执照。现在她开着自己的飞机，四处旅行。她说："依我所见，每个人都应拥有一架飞机。"当她心情不好时，便驱车去机场，把飞机开到 7000 英尺的高空，周围的一切立即变了样。她说："当你在高空俯视大地时，万物变得非常可爱，甚至连地面的人也很不一样。"

曾经有个女人对她的朋友说："我想去学钢琴。"朋友说："那就去学啊。"

"可是我马上就三十岁了。"女人说。

"亲爱的，你不学也会马上三十岁。"朋友肯定地对她说。

是的，不管我们想要学习或者想要改变，我们都不应该给自己设限，更不应该给自己找借口。如果"飞行祖母"在 65 岁时还可以学习开飞机，你为什么不可以在 30 岁时才开始学钢琴呢？

我们之所以会在人生的大门前止步不前，并不是因为我们的能力不够或者时间有限。而是我们觉得我们自己不可能成功，我们在尝试之前就给自己判了死刑，那么也就只能眼睁睁地看着别人走进去，然后空对着别人的成功空悲叹。

一个高情商的人不管在什么时候都不会轻易个自己设置人为的障碍，他

们每一个人都像"飞行祖母"那样对生活和未来充满了自信。对他们而言与其在那里浪费时间计算得失成败，还不如认认真真将精力投入到梦想的实现当中去，因为他们明白，只要你勇敢地迈出第一步去做了，你才可能离成功更近一步，才有让梦想实现的可能。

12. 策划一个更好的自我

理查·派迪是运动史上赢得奖金最多的赛车选手之一，他的一生不知经历了多少个惊心动魄的瞬间，经历了多少次难忘的比赛，但是其中最令他难忘的却是他第一次赛完车回来向他母亲报告赛车结果时的情景。当时他兴高采烈地冲进家门大喊："妈妈，有35辆车参加比赛，我跑到了第二！"

"你输了！"母亲回答道。

"但是，妈妈，您不认为我跑到第二已经很优秀了吗？这是一个有那么多赛车手参加的比赛。"

"理查，你用不着跑在任何人的后面！"母亲厉声道。

在接下来的20多年中，理查开始称霸赛车界，他的许多项纪录到现在也无人能及。他从未忘记母亲的教诲：你不需要跑在任何人的后面！

是的，一旦你从内心决定要取得第一，要做最棒的一个，那么你就一定能取得不可思议的成绩，因为你给自己设定了一个更高的自己，这个更高的自己是永远达不到的，这样你就永远处于一个不断追求、不断突破的境界中，还有谁能企及呢？

策划一个更好的自我也就是提高自己的成就动机。成就动机是在具有优胜标准的情境中追求成功的动机，指个人在主动参与事关成败的活动中，不畏失败，克服困难，以期达到目标并获得成功的心理历程。一个人事业成就的大小与成就动机的高低密切相关。当你获得了更高的成就动机，一个新的自我心像就成形了。

如果一个人想在周围人的心目中确立自己的地位，获得别人对自己的尊敬，得到他人的好评与赞许，也就是想做一个高于现实的自我，那么他就会

在学习工作中认真积极，更富有责任心，全力以赴的追求成功。每一个人要想获得成功就必须尽力提高自己的成就动机的水平，用高标准严要求在把握和衡量自己，把自己放在一个更高的水平，就像是在即将奔赴的前方悬上一盏明亮的引路之灯，照亮前路的同时，还可以多一份鼓舞人心的力量。

在自我的世界中，超越自我是自己对自己的战斗，是巅峰对巅峰的飞跃，质和量都必须具备最强的突破力，这是一个永不停息的自救行为。一个成熟的个性是能够洞察自己的弱点的，能够有意识的寻找知识和力量来克服它，从而有效的解脱自身的束缚。真正的自由就是能够超越自我的人独享的乐趣，往往在别人不易察觉的一刹那，你就已经赢得了一个更坚强更卓绝的自我。

拿破仑·希尔认为环境不可能束缚个性，任何人只要能够在现有的环境中执著于自我的实现，最终都可以突破环境，也就是说，从最糟糕的环境中也能造就出优秀的自我形象，很多人之限于对于现存自我的抱怨和愤恨中，似乎成功只有在舒适的、合乎个人状态的环境中才能实现，而不去积极主动的在现存的状态中幻想更高的自我形象。

每一个自我都必须处于不断地更新之中，经常进行新的自我策划，就可以在不断的成长中脱胎换骨，生命的品质也会在这不断地变化中趋向更高的境界。

第五章
社交情商，用人际兑换人气

　　高情商者的一个最显著的表现，就是通过娴熟的交际和
沟通能力，给他人造成很强的影响力。他游刃有余地影响着
自己的上级、下级、朋友、同事以及他想影响的人，从而成
就了自己，拥有了超高的社交人气。

1. 你总得与人交往

任何一个人都无法在隔绝与人交流的情况下健康生活，换言之，人际交往对人来说就像空气一样，不可缺少。

人出生后就开始了人际交往，个体在与家人、同伴的交往中，积累了社会经验，学到了社会生活所必需的知识、技能、态度、伦理道德规范等，从而自立于社会，取得社会的认可，成为一个成熟的、社会化的人。脱离人类社会的个体，身心会遭受严重的打击，甚至难以发展成为真正意义上的人。

1920 年，印度发现了一个名叫卡玛拉的狼孩。卡玛拉出生后就脱离人类社会，同狼一起生活，回到人间时已 8 岁，她不会言语只会嚎叫，智力低下。虽经过科学家们悉心照料和训练，她仍未能实现人的社会化，直到狼孩 17 岁，到达生命尽头之时，她都依然没有学会人类语言，且她的智力水平仅相当于 4 岁的儿童。这充分说明了个体与周围人之间的交往在人的健康发展方面的极端重要性。

人际交往不仅是人类作为人生存着的需要，同时也是个人发展的需要。一个人的精力、心力、能力和时间都是有限的，在成功的道路上，我们不可避免地需要他人的帮助，因此，要想成就事业，就要善于沟通，建立和谐、良好的人际关系。

古语说，"势单力薄联络诸侯"，也有经济学者说："实力未够，就自己做车厢，挂人家的火车头"。由此可见合作的重要性。

在现代社会，分工细化，竞争残酷，单凭一个人的力量很难取得事业上的成功，只有借助众人之力，才有可能创造辉煌的人生。

2003 年 2 月，撒哈拉沙漠发生了一起 15 名欧洲游客被绑架的事件，在

经过 6 个月的历险和恐惧后，其中 14 名游客活了下来，只有德国女游客米歇尔·施皮策遇难。

此次死亡之旅，与旅客及绑架者相处合作显得极其重要。但是，米歇尔个性倔强，她拒不合作，这使得她在这个群体被孤立起来。她不相信任何人，常与其他被绑架的游客发生冲突，而冲突的原因又都是一些鸡毛蒜皮的小事。绑架者都是些极端分子，对于他们提出的要求，只有米歇尔不与合作，甚至与同是被绑架的同伴日益疏远，经常一个人躺在毛毯上唉声叹气，自言自语。与旅伴的情感距离日益拉大，使得绑匪都对她不合作的举动视而不见，也不予以惩罚。因为在他们看来，米歇尔在人质中是孤立的，惩罚她也起不到杀一儆百的作用。

后来，米歇尔无声无息地死了，撒哈拉沙漠里这一帮特殊的群体（包括绑匪）变得更加融洽，他们彼此相互照应，终于走出了沙漠。其中一人说，他们之所以会这样，是因为他们发现如果他们不能很好地相处和合作、同心同德，则事态将会进一步恶化，这对每一个人都没有好处。

其实，很多事的完成，都离不开群体的力量，在通往成功的路上更是如此。抱着顽强的态度与执著的精神固然不错，但个人的力量毕竟是有限的。拥有良好的人际关系，学会合作与双赢，借助群体的力量，才能使人迅速成功。

一个人，即使是天才，也不可能样样精通。要完成自己的事业，就必须善于利用别人的智力、能力和才干。一个人开拓自己的事业时，总要遇到自己力所不能及的困难，这时，良好的人际关系则会助你一臂之力，为你扫清障碍。

人际交往是生活中不可或缺的内容，良好的人际关系能够给我们带来快乐、幸福、满足，还能够帮助我们成功，是获得身心健康的前提条件。因此，从此刻开始，不要再说"人际关系一点也不重要，我一个人也可以……"，不要再消极对待社交，而要以建立良好的、和谐的人际关系为目标，积极地投入到社交之中。

2. 和尚与大兵的战争与和平

越战初期，一个排的美国士兵在一处稻田与越军激战，这时，突然出现了六个和尚，他们排成一列走过田埂，毫不理会猛烈的炮火，十分镇定地一步步穿过战场。

美国兵大卫·布西回忆道："这群和尚目不斜视地笔直走过去，奇怪的是竟然没有人向他们射击。他们走过去以后，我突然觉得毫无战斗情绪，至少那一天是如此。其他人一定也有同样的感觉，因为大家不约而同停了下来，就这样休兵一天。"

这些和尚的处变不惊，在激战正酣时竟浇熄了士兵的战火，这正显示人际关系的一个基本定理：情绪会互相感染。

这当然是个极端的例子，一般人的憎爱分明没有这么直接，而是隐藏在人际接触的默默交流中。在每次接触中彼此的情绪正相交流感染，仿佛一股不绝如缕的心灵暗流，当然并不是每次交流都很愉快。

这种交流往往细微到几乎无法察觉，譬如说，同样一句"谢谢"，可能给你愤怒、被忽略、真正受欢迎、真诚感谢等不同的感受。情感的感染是如此无所不在，简直让人叹为观止。

在每一次人际接触时，人们都在不断传递情感的信息，并以此信息影响对方。社交技巧愈高明的人愈能自如地掌握这种信息。社交礼仪其实就是在预防情感的不当泄露破坏人际关系和谐，但将这种礼仪运用在亲情关系上，必然让人感到窒息。

情感的收放正是情商的一部分，受欢迎或个性迷人的人，通常便是因为情感收放自如，让人乐于与之为伍。善于安抚他人情绪的人更握有丰富的社

交资源，其他人陷入情感转变机制，只是有时变好有时变坏。

情绪的感染通常很难察觉，专家做过一个简单的实验，请两个实验者写出当时的心情，然后请他们相对静坐等候研究人员到来。

两分钟后，研究人员来了，请他们再写出自己的心情。注意这两个实验者是经过特别挑选的，一个极善于表达情感，一个则是喜怒不形于色。实验结果，后者的情绪总是会受前者感染，每一次都是如此。

这种神奇的传递是如何发生的？

人们会在无意识中模仿他人的情感表现，诸如表情、手势、语调及其他非语言的形式，从而在心中重塑对方的情绪。这有点像导演所倡导的表演逼真法，要演员回忆产生某种强烈情感时的表情动作，以便重新唤起同样的情感。

日常生活的情感模拟是很难察觉的，研究者发现，人们看到一张微笑的脸时，会感染同样的情绪，这可以从脸部肌肉的细微改变得到证明，但这种改变须通过电子仪器侦测，肉眼是看不出来的。

情绪的传递通常都是由表情丰富的一方，传递给较不丰富的一方，也有些人特别易于受感染，那是因为他们的自主神经系统非常敏感，因此特别容易动容，看到煽情的影片动辄掉泪，和愉快的人小谈片刻便会受到感染，这种人通常也较易产生同情心。

俄亥俄州大学社会心理生理学家约翰·卡西波在这方面有相当深入地研究。他指出，看到别人表达情感就会引发自己产生相同的情绪，尽管你并不自觉在模仿对方的表情。这种情绪的鼓动、传递与协调，无时无刻不在进行，人际关系互动的顺利与否，便取决于这种情绪的协调。

观察两个人谈话时身体动作的协调程度，可了解其情感的和谐度。诸如适时的点头表示赞同，或两人同时改变坐姿，或是一方向另一方倾斜，甚至可能是两个人以同样的节奏摇动椅子。这种动作的协调，与史登所观察到的母子关系有异曲同工之妙。

动作的协调有利于情绪的传送，即使是负面的情绪也不例外。有人做过下面的实验：请心情沮丧的女士携同男友到实验室讨论两人的情感问题，结果发现，两人的非语言信息一致，讨论完后男友的情绪也开始变糟起来，显然他已感染了女友的沮丧。

师生之间也有类似的情形，研究显示，上课时师生的动作愈协调，彼此之间觉得愈融洽、愉快而兴趣高昂。

一般而言，动作的高度协调表示互动的双方彼此喜欢。从事上述实验的心理学家法兰克·柏尼瑞说："你与某人相处觉得是否自在，其实与生理反应有关，动作协调才会觉得自在。"

简而言之，情绪的协调是建立人际关系的基础，这与前面所说的亲子情感的调和并无不同。人际关系的好坏与情感协调能力很有关系，如果你善于顺应他人的情绪或使别人顺应你的步调，人际关系互动必然较顺畅。

3. 哲斯顿的成功秘诀

哲斯顿被公认为魔术师中的魔术师，他曾到世界各地进行演出，一再地创造幻象，迷惑观众，使大家吃惊得喘不过气来。

但是这位伟大的魔术师从来未受过正规的学校教育，很小的时候他就离家出走，成为一名流浪者，搭货车，睡谷堆，沿门求乞，坐在车中向外看着铁道沿线上的标识时，他认识了字。

正是这样一位曾经穷困潦倒，默默无闻的小人物却成了举世闻名的魔术师，这让他的成功比他的魔术更像个奇迹。有人请教哲斯顿先生成功的秘诀，问他的魔术知识是否特别优越。哲斯顿说，魔术类的书不计其数，而且许多魔术师跟他懂得一样多。但他有两样东西其他人则没有。

首先，他能在舞台上把他的情感个性显现出来。他是一个表演大师，了解人类天性。他的所作所为，每一个手势，每一个语气，每一个眉毛上扬的动作，都在事先很仔细地预练过，而他的动作也配合得分秒不差。

第二，他对别人感兴趣。许多魔术师会看着观众，对自己说："坐在底下的那些人都是一群傻子，一群笨蛋；我可以把他们骗得团团转。"但哲斯顿完全不同。他每次一走上台，就对自己说："我很感激，因为这些人来看我表演，我要把我最高明的手法表演给他们看。"

对观众感兴趣，这就是一位有史以来最著名的魔术师成功的秘方。显然这位魔术师除了魔术技艺了得外，更是一位情商高手。他明白如果只想在别人面前表现自己，使别人对他感兴趣的话，他和观众之间永远都只是一种买卖的关系，而不会成为彼此欣赏的朋友。人们对一个魔术师的喜爱总是有限度的，但是朋友不会。

已故的维也纳著名心理学家亚德勒，他在一本叫做《人生对你的意识》的书中说道："不对别人感兴趣的人，他一生中的困难最多，对别人伤害也最大。所有人类的失败都出于这种人。"哲斯顿正是明白了这个道理，才让自己远离了失败，成就了精彩。

所以，如果你要交朋友，就要以高兴和热诚的情绪去迎合别人。当你接电话时，声音要显出你很高兴他打电话给你。如果你希望别人喜欢你，就要抓住其中的诀窍：了解对方的兴趣，针对他所喜欢的话题与他聊天。

许多曾经拜访过罗斯福的人，都会惊讶于他的博学。不论你是个小牛仔、政治家或外交官，他都能针对你的特长而谈。其实这个道理很简单，当罗斯福知道访客的特殊兴趣后，他会研读这方面的资料以此作为话题。罗斯福知道，抓住人心的最佳方法就是谈论对方感兴趣的事情。对一件事感兴趣便是关注，带有感情的关注便是关切。关切跟其他人际关系一样，必须是诚挚的。关切是条双向道，它的施与者和接受者都会受益。

马汀·金斯柏曾提到，他10岁时，一位护士给他的关切深深地影响了他的一生："那天是感恩节，我住在一家市立医院，预计明天就要动一次大手术。我父亲已去世，我和妈妈住在一个小公寓里，靠社会福利金维生。而那天妈妈刚好不能来看我。

我完全被寂寞、失望、恐惧的感觉所压倒。我知道妈妈正在家里为我担心，而且是孤零零的一个人，没人陪她吃饭，甚至没钱吃一顿感恩节晚餐。眼泪在我的眼眶里打转，我把头埋进了枕头下面，暗自哭泣，全身都因痛苦而颤抖着。

一位年轻的实习护士听到我的哭声，就过来看看。她把枕头从我头上拿开，拭去了我的眼泪。她跟我说她也非常寂寞，因为她今天无法跟家人在一起。她问我愿不愿和她一同进晚餐。

她拿了两盘东西进来：有火鸡片、马铃薯、草莓酱和冰淇淋甜点。她跟我聊天，并试着消除我的恐惧。虽然她本应4点就下班的，可她一直陪我到将近11点。她一直跟我聊天，等到我睡了才离开。

一生中,我过了许多感恩节,但这个感恩节永远不会消失。我清楚地记得,我当时沮丧、恐惧、孤寂的感觉,突然因一个陌生人的温情而全部消失。"

任何人都喜欢那些欣赏和关心他们的人,因为那个人让他觉得自己是重要的。一旦他们的这种心理得到了满足,他们就会很自然地喜欢上那个让他心理得到满足的人。每个人都希望别人对他感兴趣,所以,在与人相处时,你要尽量让他明白,他是个重要人物,这样你很容易就能得到对方的青睐。

4. 让别人觉得你是"自己人"

人从互不相识的陌生，变得喜欢对方、和对方成为朋友，或者讨厌对方、和对方敌对起来，真的是一个非常奇妙的过程。那么到底是什么因素在起作用呢？其实，因素是多方面的，但不可否认，距离是影响人际关系亲疏的重要内容。

美国心理学家克思曾做过这样一个实验：

让一名男性同时和两个女性说话，一个女的坐在离他 0.5 米的地方，另一个女的坐在离他 2.4 来的地方。等谈话结束后，调查这名男性对谁的好感多一点。

结果显示，男性们普遍认为自己对坐在 0.5 米远地方的那位女性更有好感。

这种距离感在语言策略上也同样适用。心理学研究表明，一个人的言行都反映了其内心，言行、眼神等语言的传递都在想别人传达着某种信息，让别人读出你是否友善，是否愿意与人交谈。没有人愿意接近一个表面显得孤傲的人，因为没有人愿意看到自己被拒绝的场面。因此，人们往往乐去接近那些他们看起来比较容易亲近的人。

在人际交往和认知过程中，往往存在一种倾向，即对于自己较为亲近的对象，会更加乐于接近。人都喜欢待在熟悉的环境里，和熟悉的、和善的朋友交流。这不仅让我们觉得没有危险，而且这种氛围更具感染力。

劳伦是位来自洛杉矶、经验丰富的女商人。她有着时髦的行头，讲究品位。因为想放慢生活节奏、得到更多的归属感，劳伦搬到西南部的一个小城镇。她喜欢这个城市和那里的居民，但是她感到自己在那里并不受欢迎。她百思

不得其解，后来，还是她的同事给她指出，她的谈吐让当地人觉得她是在装腔作势，让人产生一种距离感。于是，劳伦开始改变自己的穿着和说话方式，她穿着很随意的衣服，与当地人谈论当地的事情，试着让自己多参加当地人的社交活动，试着让自己看起来更加容易接近。慢慢地，她发现自己与新邻居和新同事都变得更加容易交流了。

在现实生活里，人们往往更喜欢把那些与自己志向相投、利益一致，或者同属于某一团体、组织的人，视为"自己人"。在其他条件大体相同的情况下，所谓"自己人"之间的交往效果往往会更为明显，其相互之间的影响通常也会更大。因为是"自己人"，所以会感到相互之间更加容易接近。而这种相互接近，则通常又会使交往对象之间萌生亲切感，并且更加相互接近，相互体谅。

人们在潜意识里会把那些看起来较易接近的人当作是自己人，认为可以与之进行轻松的交谈，在其他条件基本相同的情况下，"自己人"之间的交往效果往往会更为明显，交往双方之间的相互影响往往也会更大。因此，要想使自己的热情能够得到对方的正面评价，就应该在交往或服务过程中积极创造条件，努力制造共同点，从而使双方都处于"自己人"的情境中，让别人产生亲近感。

古人有语曲高和寡，本来是说调子高了难以和了。在人际交往中这就是一个大忌，你高高在上俯视众生，那么大家都会远远地看着你而不会真正地与你谈心。只有深入了人心，大家觉得你可亲了，你才成功了。

心理学家认为，人缘好的人，他们在言谈当中有意或无意中利用了心理学上的"亲和效应"，其中关键点是：挖掘共同点，成为自己人。在人际交往和认知过程中，往往存在一种倾向，即对于自己较为亲近的对象，会更加乐于接近。

在心理定式作用下，"自己人"之间的相互交往与认知必然在其深度、广度、动机、效果上，都会超过"非自己人"之间的交往与认知。建立这种"自己人"关系的首要一点，就是找出自己与周围人的共同之处，它可以是血缘、姻缘、地缘、学缘、业缘关系，可以是志向、兴趣、爱好、利益，也可以是彼此共处于同一团体或同一组织。而这些共同之处则需要你用亲切的语言去整合，从而形成亲切的气场，用亲和力去建立彼此融洽的关系。

5. 曼德拉的智慧与幽默

在一次南部非洲首脑会议上，曼德拉出席并领取了"卡马勋章"。在接受勋章的时候，曼德拉发表了精彩的讲演。在开场白中，他幽默地说："这个讲台是为总统们设立的，我这位退休老人今天上台讲话，抢了总统的镜头，我们的总统姆贝基一定不高兴。"话音刚落，笑声四起。

在笑声过后，曼德拉开始正式发言。讲到一半，他把讲稿的页次弄乱了，不得不翻过来看。这本来是一件有些尴尬的事情，但他却不以为然，一边翻一边脱口而出："我把讲稿的次序弄乱了，你们要原谅一个老人。不过，我知道在座的一位总统，在一次发言中也把讲稿页次弄乱了，而他却不知道，照样往下念。"这时，整个会场哄堂大笑。

结束讲话前，他又说："感谢你们把用一位博茨瓦纳老人的名字（指博茨瓦纳开国总统卡马）命名的勋章授予我，我现在退休在家，如果哪一天没有钱花了，我就把这个勋章拿到大街上去卖。我肯定在座的一个人会出高价收购的，他就是我们的总统姆贝基。"这时，姆贝基情不自禁地笑出声来，连连拍手鼓掌，会场里掌声一片。

这就是幽默的魅力，它拉近了演讲者和倾听者之间的心理距离，打消了一位伟人的神秘感，显示出曼德拉高超的智慧和人际沟通能力。

为什么八十高龄的曼德拉能够保持身体健康、精神矍铄、爱情长在？离开总统职位后，他依然以和平大使的身份活跃在国际舞台上呢？世间没有青春的甘泉，也没有不老的秘诀。曼德拉之所以拥有永远的青春，是因为他在丰富的人生阅历中，提炼出了大智慧，在苦难的折磨中，咀嚼出了大幽默。

在会见拳王刘易斯的时候，他表示自己年时候也是拳击爱好者。于是，刘易斯故意指着自己的下巴让他打，他笑着做出拳击的姿势。旁边的人于是问他："假如您年轻时与刘易斯在场上交锋，您能取胜吗？"他说："我可不想年纪轻轻的就去送死。"

正是在这一连串毫不做作的幽默之中，曼德拉展现出了他耀眼的人格魅力。在他周围，总是吸引了许多同事和战友。

幽默是一种机智地处理复杂问题的应变能力，它往往比单纯的说教、训斥或嘲弄使人开窍得多。一个幽默的人，是一个高情商的人，他能够给朋友带来无比的欢乐，并且在人际交往中增加魅力，因而备受欢迎。要想让自己成为一个幽默的人，你需要掌握一定的方法。幽默的方法有很多，如夸张、讽刺、反语、双关等，都可以达到一定的幽默效果。下面是几种最常用的幽默方法。

（1）自我解嘲法

以健康的心情主动开自己的玩笑，这是公认的最幽默、也是最难做到的，一旦做到了，表明你已经具备了幽默的最大特质。有人爱拿别人开涮，这跟自我解嘲所产生的效果大相径庭。拿别人开涮只会引起对方的反感，也会被旁观者看轻。而自我解嘲则不同，他会让周围所有的人认为你这个人和蔼可亲，幽默又有风度。他能够拉近自己和别人之间的距离。懂得自嘲技巧的人，不留痕迹地表达了他的谦虚，让别人不由自主地卸去了身上的武装，于是，他就很容易和别人打成一片。所以我们宁可将众人的快乐建筑在自己的痛苦上，也不要把自己的快乐建筑在别人的痛苦上。

（2）夸大不实法

孩子："妈妈！我刚刚在路上看到好几百只狗！"

妈妈不耐烦："瞎说，跟你讲过几千遍了，说话别那么夸张！"

"烦死了"、"忙死了"、"笑死了"、"气死了"，有人每天都会"死"上好几遍。它所代表的不是真实的现象，但是却能表现出情绪的"力道"。所谓夸大，就是让你痛快，惹你发笑。

"夸大不实"的幽默方式会让人变得豁达，不再斤斤计较，从而可以有

效地训练自己细微的观察力，找到生活中值得发现和突显的问题。

（3）戏言回避法

戈尔巴乔夫54岁时就任苏共中央总书记，当时，全世界的人都很关注他，都想看看这个年轻的国家领导人将会把苏联带向何方。

在戈尔巴乔夫召开的记者招待会上，一位美国记者问他："戈尔巴乔夫阁下，我们都知道您是一位思想激进的领导人，可是，您决定内阁名单的时候，会不会先和上头的重量级靠山商量呢？"戈尔巴乔夫一听，故意板起脸来答道："喂！记者先生，请你注意，在这种场合，请不要提起我的夫人。"

在沟通遇到障碍时，"戏言"这样一种表达方法可以扰乱对方的思维逻辑，让别人因为这个突兀的表达而糊涂，或出现判断错误，这时自己就可以借机从容脱身，或是转移话题的焦点，从而化解尴尬和压力。

（4）尖酸刻薄法

运用尖酸刻薄法时，首先要提高社交敏感度，细致察觉对方是否具有"抗毒"体质，万一对方经不起你的"毒素"攻击，那就麻烦了。确定自己能损人，但损后又能将其捧起，这就是"施毒"与"解毒"。

在这里还要提醒大家，"尖酸刻薄"的真义是：尖而不戳破，酸而不苦涩，刻而不留痕，薄而不危人。无论怎样幽默消遣，也应给人留有台阶，心存厚道。倘若你只能放而没有能力收，奉劝你还是多加修炼，以免伤人害己。

学会了尖酸刻薄的幽默技巧，有助于提升自己的情绪及社交敏感度，个人的组织能力与应变能力也会随之加强。懂得此技巧，朋友间会因互攻长短而增进情谊，合伙人更会因此培养出特殊的合作默契。

想修炼成为风趣达人，就从现在开始培养自己的幽默细胞吧。但要注意的是，开玩笑时，应善意逗乐，促进彼此的感情交流，而不是恶意取笑，占对方的便宜。开玩笑必须分清善恶，把握尺度。幽默原则总是不能马虎，不同问题要不同对待，在处理问题时要极具灵活性，做到幽默而不落俗套，使幽默能够为人类精神生活提供真正的养料。

幽默的谈吐代表着人们开朗乐观的个性，是一个人聪明才智的标志，它要求有较高的文化素养。仅仅懂得了幽默方法还不足以表明富于幽默，就像有了毛笔却不一定能成为书法家一样，关键在于运用。

有人把事业成功比作高山的峰顶，而在征途中，一个人的幽默可以使他如虎添翼。幽默堪称追求事业征途中的"灯塔"。

正如一位名人所说的那样："一般具有幽默感的人都有一种出类拔萃的人格，能自在地感受到自己的力量，独自应付任何困苦的窘境。"拥有幽默感的人能够轻松地接受来自外界的任何干扰，不时地制造与失落感相互脱节的现象。幽默的心境能不断地把沉重的失落感宣泄出去，逐步使这些不如意成为过眼云烟，使得生活于现代社会中的人过得轻松而自在、愉悦而活泼，事业有成也就指日可待。

因此，幽默具有无穷的力量，它可以改变僵硬、刻板的个人形象，改善人际关系，能够使人从平庸中超脱，获得事业上的成功。幽默的人，能够在人际交往中释放自身的魅力，能够给周围人带来笑声，从而消除人与人之间的心理隔阂，使自身与周围的人和事融会在一种亲密无间的氛围中，因而备受大家的欢迎。

6. 掌握给予时的最佳方式

一个漆黑的夜晚，一位僧人看见巷子深处有盏小灯笼在晃动，身旁的人说："瞎子过来了。"

僧人百思不得其解，问那个盲人："既然您什么也看不见，为何挑一盏灯笼呢？"

盲人说："黑夜里，满世界的人都看不见，所以，我就点燃了一盏灯。"

僧人若有所悟："原来您是为别人照明呀！"

盲人却说："不，也是为我自己。虽然我是盲人，但我挑了这盏灯笼，既为别人照亮了路，也让别人看到了我，这样他们就不会在黑暗中碰撞我了。"

其实道理就这么简单：给予了别人，自己同样有所获得。只想"借光"，而不挑灯，那么，你的人生将永远在黑暗中穿行。

如果你需要快乐，就给予别人快乐；如果你需要爱，学会付出爱；如果你需要别人的关注和欣赏，就先学会对别人关注和欣赏；如果你想物质上富有，先帮助别人富有起来。事实上，得到最简易的方法，是让别人得到他们所要的。

这一原则同样适用于个人、公司、社会和国家。如果你想幸福地拥有生命中一切美好的东西，那就学会祝福每个人都如意吧。

哪怕仅仅是有给予的想法，有祝福的想法，哪怕仅仅是一句简单的祈祷，都会影响到他人。这是因为每个人的身体，小到最本质的状态而言，是大千世界里的一束能量和信息的个体。

有给予的意识也是一种给予，意识是像思想一样鲜活的能量和信息，思想具有转化的力量。生命是意识的永恒之舞，它在宏观世界和微观世界之间、人世和宇宙之间、人类思想和宇宙之间，不停地交换生机勃勃的智慧能量，并由此表现自己。当你学着付出你所追求的东西时，你同时也在促成编排一出优雅生动、活力十足的舞蹈，它构成了永恒的生命的律动。

当然，一个高情商的人除了懂得给予之外，更明白给予的方式比给予本身还要重要。尽管都是给予，但是给予的结果却会有很大的差别。要真正地做到授之以渔，不仅需要掌握"渔"的方法，还必须掌握"授之以渔"的方法。

一个衣衫褴褛的孩子，饿得昏倒在路边，冰凉的雪花撒在他枯黄的头发上，他快要被冻死了。这时，一个慈祥的老人经过，手里拎着一条鲜活的鲤鱼，那是他刚从河里捞上来的。老人看到了这个倒在路边的孩子，说"真是个可怜的孩子"。

于是他把自己的衣服脱下，衣服的覆盖再加上老人残留的余温让孩子苏醒了过来。这时，路边已经围了很多的好心人，在为这个孩子担心。孩子醒来后，众人都争抢着要带孩子回家，给他一些吃的东西，但都被老人挡住了。孩子的眼神中透露出明显的不快，看得出来他的确是饿极了，急需要食物来充饥。

众人以为老人是想好人做到底，带孩子回家，把他好不容易打上来的鱼煮给孩子吃。在这样寒冷的季节，穷人家没什么吃的东西，只是勉强填饱肚子罢了，想到孩子可以喝到鲜美的鱼汤补身子，众人也就不再坚持。但老人的做法却让众人大吃一惊！他不仅拿去了孩子身上的衣服，而且还拽着他向寒风刺骨的河边走去。孩子很不情愿，耷拉着双脚任凭老人把他拉向河边，心底就像走向地狱一样的恐惧，可又不敢说什么。

众人不理解这个怪老头的做法，但又不知内情，不便多说，也就各自散去。一袋烟的工夫之后，老人带着孩子回来了，孩子的小手中拎着两条活蹦乱跳的鲤鱼，脸上兴奋得像得了一件价值连城的宝物似的，的确，他是得到了一件价值连城的宝物，靠着这个"宝物"他就不会再饿得昏倒在路边，就算在大雪纷飞的冬日也能填饱自己的肚子了。因为老人教会了他在冰中取鱼的方法。这时一老一少正坐在火炉边，享受鲜美的鱼汤呢。

后来，这个孩子成了一个有经验的渔夫，过上了平静富足的生活。

这个故事告诉我们的就是"授之以鱼不如授之以渔"的道理。

给予之前要弄清对方真正需要的到底是什么，如果给予的方式不适合对方，不仅不能带去帮助，可能还会带来很多本可以避免的悲剧。如果故事中的老人只是同情这个孩子，拿自己打来的鱼施舍给他，说不定一个小乞丐就这样"诞生"了。

明智的给予会让人铭记一生也受益终生，而盲目的给予虽然可以暂时得到他人的感激，但也可能造成消极的影响。

高情商者总是能洞察到他人真正的需要，并采取最合适的给予方式，让对方得到最大的收益。虽然这种给予的方式对方可能一时会无法理解，甚至出现排斥的行为，但是施予者绝不可因为这种消极的情绪状态就改变自己的做法。

7. 钢铁大王的"名字战术"

钢铁大王安德鲁·卡耐基是一个非常擅长运用"名字战术"来获取好感和利益的高手。

"名字战术"来自于卡耐基小时候的一个小发现，就是人们普遍对自己的名字看得特别重要。卡耐基在小的时候，曾经抓到了一窝小兔子，可是他并没有足够的食物来养活这些可爱的小家伙，最后他想出了一个好办法。他告诉附近的小伙伴们，要是谁能找到足够的苜蓿养活一只小兔子的话，他就用谁的名字给那只小兔子命名，事实证明这一策略十分有效。长大以后，卡耐基又在商业谈判中灵活运用这一技巧，赢得了很多重要的合作伙伴和最大限度的利益。

卡耐基想成立一家钢铁公司，他把销售目标主要锁定在宾夕法尼亚铁路公司的身上。可是这家大公司早就已经有了自己的供货渠道，并且卡耐基的新公司看起来很明显在哪个方面都没有足够的竞争力。面对这种情况，卡耐基便想起自己的名字战术来了。他打听到宾夕法尼亚铁路公司的董事长叫汤姆森，于是把自己新成立的钢铁公司命名为"汤姆森钢铁工厂"，接下来他就带着文件资料来到了宾夕法尼亚铁路公司。

当汤姆森先生听到这个销售铁轨的公司名称的时候，他所有的疑惑和犹豫全都因为这家公司与自己同名而消失得无影无踪了。就这样，这次谈判很轻易地就取得了胜利。

正当卡耐基的公司迅速发展起来的时候，他所从事的卧车生意与乔治·普尔门的公司产生了一些冲突，并且两个公司开始了恶性竞争。为了改变这种状况，卡耐基决定和乔治·普尔门来一次谈判，他想把两个公司合并成为一

家公司。

卡耐基说："咱们之间这种不正当的竞争行为已经极大地损害到了各自的利益，这种行为就相当于是在自杀。那么您来想一下，假如我们可以合并起来，不仅能够避免这种自相残杀的局面，而且还会垄断这一行业，把买方市场变为卖方市场，您认为怎么样呢？"

普尔门本来并没有打算要这样做，但多年来在商业场上获得的经验使他变得老谋深算。他不动声色地随口问了一句："那么这个新公司叫什么名字呢？"卡耐基就是在等这句话呢，于是脱口而出："普尔门皇宫卧车公司。"这一招是卡耐基早就已经想好的，同时也是他在谈判中惯用的最后的杀手锏。果然不出所料，普尔门的眼睛一亮，然后他便开始与卡耐基认真地讨论起两家公司合作的具体细节来。卡耐基又一次取得了成功。

既然每个人都非常注重自己的名字，卡耐基就特意使用对方的名字给新公司取名，这对于满足对方的虚荣心来说，确实是一个妙招。一旦对方的虚荣心得到了满足，就会对卡耐基产生好感和敬意，自然地对双方之间的合作也就很感兴趣了。请你仔细考虑一下，卡耐基只是在对新公司的命名上面做出了一些让步，除此以外难道他还付出了其他的代价吗？并没有。他不花分文就将一件原本需要花很多钱才能做成的事办成了，这全是因为把握了对方的心理需求而得到的结果。

人们的心理需求有一些共性，那就是得到他人尊重的需要、自身虚荣心满足的需要、获得成就感的需要。

人们对自己的名字很骄傲，不惜以任何代价使他们的名字永垂不朽。即使盛气凌人脾气暴躁的 R.T. 巴南，也曾因为没有子嗣继续巴南这个姓氏而感到失望，愿意给他外孙 C.H 西礼 2.5 万美元，如果后者愿意自称"巴南·西礼"的话；几个世纪以来，贵族和企业家都资助着艺术家、音乐家和作家，以求他们的作品能够献给他们；图书馆和博物馆最有价值的收藏品，都来自于那些一心一意担心他们的名字会从历史上消失的人，纽约公共图书馆拥有亚斯都氏和李诸克斯氏的藏书，大都会博物馆保存了班吉明·亚特曼和 J.P. 摩根的名字；几乎每一座教堂都装上了彩色玻璃窗，以纪念捐赠者的名字。

所以，你可以看出一个人的名字对他来说有多么重要，每一个名字里都包含着奇迹，名字是完全属于与我们交往的这个人，没有人能够取代。名字能使人出众，它能使他在许多人中显得独立。因此，如果你要别人喜欢你，请记住这条规则："一个人的名字，对他来说，是任何语言中最甜蜜、最重要的声音。"

8. 高情商者是这样回答问题的

在社会交往当中，人与人之间的沟通总由两方面组成：问和答。想要探知对方心理你要问得巧，不想被别人的问题困扰你还要答得妙，只有这样才能让你无论什么时候都能应对自如，立于不败之地。看看高情商者是如何运用下面的这些答题技巧来让自己从难题中脱身的吧：

（1）答非所问

答非所问是论辩中的一种回避战术。在某些情况下，对于对方提出的问题，自己基于某种原因不能不答，但又不便作出直截了当的回答时，便可采用答非所问的方式，避实就虚，以非实质性的话题引开对方的锋芒，表面上好像已作了概括的回答，事实上已经悄悄地绕过了那些原本棘手的问题。

一次，作曲家勃拉姆斯参加一位年轻钢琴家举办的演奏会。年轻钢琴家为席勒的诗《钟之歌》谱了一首曲子之后，特地举办了这场演奏会。

勃拉姆斯在演奏会上表现得非常专注，看到勃拉姆斯那副极为陶醉的模样，年轻的钢琴家雀跃万分，演奏会结束后，他便喜滋滋地询问勃拉姆斯："阁下很喜欢这首曲子吗？"

勃拉姆斯笑着说："这首《钟之歌》果然是不朽的诗。"他这显然是答非所问，巧妙回避了钢琴家的问题，委婉而礼貌地表达了自己的真实想法：对于这首不朽的诗，他很欣赏，然而却不认为钢琴家的曲子水准有多高。

（2）无效回答

无效回答就是指用一些没有实际意义的话去作非实质性的回答。它还包含有效性无效回答和纯无效回答两种。对于前者，表面上看并没有直接回答问题，但事实上却内涵深厚，需要对方去领悟；而后者则是无法从回答者的答话中找到任何答案，多半是因为回答者不好回答或不愿回答。

一所大学负责招生的工作人员到一个城市去招生。一位考生找到这位负责招生的工作人员，问道："听说我的名字已经登记入贵校的招生名册，请问我能被录取吗？"

工作人员笑了笑说："你的名字确实记在招生名册上了，至于能不能录取，请你去看报纸上我校录取新生的名单吧！"

这位工作人员，虽然也回答了那个考生提出的问题，但却无法从答话中找出"能录取"或"不能录取"的答案，要想得到答案，只有到报纸上刊登的录取新生名单中去找了。

（3）间接回答

所谓间接回答，就是指回答者针对提问者对某些尖锐问题的诘问，用巧妙的语言进行类比回答。

一次，丘吉尔去美国访问，一位反对他的美国女议员对他说："假如我是你妻子，我就会在你的咖啡里下毒！"

丘吉尔微笑着说："假如我是你丈夫，我就会把那杯咖啡喝下。"丘吉尔用这种揶揄的口吻，间接地回击了女议员，比直接回答更有力度，令女议员很难堪。

（4）以退为进

所谓以退为进，就是指对答中，答者承认问者的话，然后予以适当回击。

甲："你长得这么漂亮，怎么还没有找到对象呀？"

乙："是的，因为我挑得比你仔细。"

胖子："一看到你，就知道世界正在闹饥荒。"

瘦子："一看到你，就知道世界闹饥荒的原因了。"

这两段对话，因问话的人咄咄逼人、语气尖酸又无顾忌，所以答话的人采取了先认可，而后回击。这就是以退为进。

（5）避难就易

宋徽宗写得一手好字，他常问大臣："我的字怎样？"大臣们纷纷奉承道：

"您的字好，天下第一。"

一天，宋徽宗问米芾："米爱卿，依你看，咱俩的字相比，如何？"米芾是书法大家，书法当然胜过宋徽宗，倘若说皇帝第一，则必然要委屈自己；倘若夸耀自己第一，则必然得罪皇帝，这还真是个难题。但聪明的米芾灵机一动，说："臣以为在皇帝中，您的字天下第一；在大臣中，臣的字天下第一。"宋徽宗听后心领神会，打心底佩服米芾的机智。

对于那些不好从正面回答的难题，就不要正面硬碰了，知"难"而避，从比较容易突破的方面作答，这是避难就易法的精髓，也是拒绝辞令中简单而机智的一种。

（6）围魏救赵

所谓围魏救赵就是指不受对方提问的牵制，不跟在后面去作答，而是采取攻势，提出令对方头痛的问题，使其陷入自顾不暇的窘境，从而不得不放弃原来的提问。

外交活动中就有很多这样的问答。

甲方："我想知道对于××问题贵国将采取哪种措施？"

乙方："请阁下相信，对于这个问题，我们最终会得到圆满的解决。而我担心的是，如果贵国的反政府运动继续发展下去，贵国政府是否仍有维持现行统治的能力？"

乙方把甲方提出的问题暂时搁置起来，另提出一个最令甲方头痛的国内反政府运动的问题，使其陷入无法回答的困境。如此一来，甲方提问所造成的攻势便自行瓦解，乙方也就无须对原来的问题作出任何回答了。

（7）诱导否定

所谓诱导否定，就是指对方提出问题后，不马上回答，而是先讲一点理由，提出一些条件或反问一个问题，诱使对方自我否定，自动放弃原来提出的问题。

1972 年 5 月 27 日凌晨，美苏关于限制战略武器的四个协定刚刚签署，基辛格就在莫斯科一家旅馆里，向随行的美国记者团介绍情况。一位记者问："美国有多少潜艇导弹在配置分导式多弹头？有多少'民兵'导弹在配置分导式多弹头？"

基辛格答道："我不确切知道正在配置分导式多弹头的'民兵'导弹有多少。至于潜艇数目，我倒是知道，但我不知道是否是保密的。"

一个记者急忙说："不是保密的。"

基辛格立即反问道："不是保密的吗？那您说是多少呢？"

这个实例，是用诱导的方法，诱使提问人陷入自我否定的窘境，从而为自己解除了回答之难。

（8）以虚击实

这种战术，不仅能有效地避其锋芒，而且能有效地击"实"，即先退后进，以退为进，反戈一击，成功地实现完全否定对方论点的目的。

一位记者问扎伊尔总统蒙博托说："听说您非常富有。据说您的财产已经达到30亿美元？"表面上看来，这一提问好像是对他家庭情况的一般性提问，事实上却有着很深的用意，这一提问完全是针对蒙博托本人是否廉洁而来的。于是，这一下成了一个非常敏感的政治问题，回答起来也相当困难，倘若矢口否认，别人必然不会相信；倘若和盘说出，显然不妥当。蒙博托听完后，笑了笑说："一位比利时议员说我有60亿美元，您听到了吧？"

这里，蒙博托并未就他是否拥有30亿美元一事直接作出正面回答，而是列举了一个更大，大到显然是夸张了的数字，以嘲讽的口吻反问记者，由此及彼对记者的提问给予了间接而又坚决的否定。

回答的技巧数不胜数，这里指出的只是一些典型例子。日常生活中还有很多回答的技巧，只要你注意观察，学会随机应变，巧妙地回答会帮你化解尴尬，会使你个人的社交魅力大大增强。

9. "投其所好"也是门学问

在与人交往的过程中，如果彼此讨论的话题是自己不感兴趣的时候，相信你会觉得很烦躁，希望赶快结束，当然也就不可能对对方产生多么好的印象。因此，为了留给他人一个好印象，使彼此能够进一步加深交往，那么在谈话中，就要善于体察对方情绪，进而找到对方感兴趣的话题来交流。

那么，我们具体应该怎样做呢？

对于一个高情商的人而言，与一个不是很熟悉的人交往，他首先会从一些无关紧要的话题开始，然后找出彼此间的共同语言。

因为大家都不熟悉，还没有关系好到这个程度。而且刚接触的人，都不知道对方有什么忌讳的话题，因此大家首先谈论的肯定都是一些无伤大雅的问题。

你可以从一些不会有什么意义但是可以让大家互相之间开始交谈的话题开始，比如最常见的就是谈论天气，周围的环境，简单地询问一下对方的情况这些话题，让他和你联系起来，在你们之间找到你们共同的语言，方便下一步的交流。通过这样的谈话你更可以了解到对方的喜好，也让别人更加了解自己。

找到了彼此间的共同语言，也就相当于使对方的话匣子打开了一半，而另一半就需要通过一些技巧来打开了。比较常用的是通过一些随意的、看似不经心的问题来寻找兴趣点。

基比有一次在公司节目聚会上和维多利亚相遇。他们站在吧台前，等着点酒。维多利亚说起了餐馆里面的艺术品，并开始征求基比的意见。她告诉他自己的看法，并问基比是否有什么艺术爱好。她接下来还问了他的个人兴趣。基比觉得和维多利亚谈话很舒服，就开始问了她的更多情况——她有什么特别的爱好或者艺术的喜好。维多利亚解释说：她实际上是个画家，每周都在工作室度过。基比感觉这很有意思，问维多利亚从事什么艺术，态度认不认真。她解释道，尽管她不是依靠这个来赚钱的，但是她还是卖过几件作品，最近甚至还办了一个展览。

维多利亚先向基比了解情况，并自然地告诉他自己的情况，显得自信而有魅力，并且把自己的优点也渐渐展现出来了：艺术方面有水平。

基比还发现，在他们谈论艺术的时候，维多利亚并没有打断他的谈话去谈自己的艺术才华，这也是一个优点！所以，谈话结束后，基比认为维多利亚有很多值得欣赏的地方，他很想进一步了解她。

通过自然而随意的小问题，维多利亚找到了对方的感兴趣的话题，并且在谈话的过程中，以自身的涵养给对方留下了好印象。然而，如果没有找到对方感兴趣的话题，恐怕彼此间的交流就不会这样顺利了。

找出对方引以为荣和喜欢的对象，寻找对方感兴趣的话题，拉近彼此的距离，能够让你轻松地获得别人的好感，还能够起到"爱屋及乌"的效应，会让你的收获大大超出你的意料。

华特尔先生是纽约市一家大银行的员工，奉命写一篇有关某公司的调查报告。他知道该公司董事长拥有他非常需要的资料。于是，华特尔去见董事长，当他被迎进办公室时，一个年轻的妇人从门边探头出来，告诉董事长，她今天没有什么邮票可给他。

"我在为我那12岁的儿子搜集邮票。"董事长对华特尔解释。

华特尔说明他的来意，开始提出问题。董事长的说法含糊、概括、模棱两可。很显然，这次见面没有实际效果。华特尔先生突然想起了董事长感兴趣的邮票，他同时想起，他们银行的外事部从来自世界各地的信件上取下来的那些邮票。

第二天早上，华特尔再去找董事长，他说："我有一些邮票要送给您的孩子，不知道他是否喜欢。"

"噢，当然。"董事长满脸带着笑意，语气客气得很。

"我的乔治将会喜欢这些。"他不停地说，一面抚弄着那些邮票，"瞧这张，它真是漂亮极了。"

他们花了一个小时谈论邮票，然后又花了一个多小时，华特尔获得了他所想知道的全部资料——华特尔甚至都没提议那么做。董事长把他所知道的，全都告诉了华特尔，甚至传唤他的下属，补充一些事实和数字材料。

在生活中常常就可以看到这样的事情，即使是一个平常沉默寡言的人，但是一旦谈到他感兴趣的话题就会滔滔不绝。为了增强你的谈话能力，扩大你的兴趣范围，平常可以多关注一些信息，多参加一些活动，让大家谈话的时候你都可以参与进去。长期坚持下去，你就能看到满意的结果，你就会看到你和陌生人聊天的时候总是能找到聊天的话题，大家都很愿意和你说话。

10. 被微笑拯救的囚徒

尼尔森是一位优秀的飞行员，在参加西班牙内战打击法西斯的一次战争中，他不幸被俘入狱。

在狱中，尼尔森学会了抽烟。有一次，当他摸出一根香烟，但是没有找到火柴。没办法，尼尔森鼓足勇气向看守借火。看守气汹汹地打量他一眼，冷漠地拿出火柴。

当看守走过来帮尼尔森点火时，两人的眼光无意中接触了。尼尔森下意识地冲着看守微笑了一下。尼尔森也不知道自己为何要对他微笑，也许是显示友好和感谢吧。

然而，就在这一刹那，这抹微笑打破了两人心灵之间的隔阂。像受到了微笑的感染，看守的脸上也露出了一抹不易觉察的微笑。

他点完火后并没有立刻离开牢房，眼睛和善地看着尼尔森，眼神也少了当初的凶气。脸上仍然带着微笑，尼尔森也以微笑回应，仿佛他是个朋友。

"你有小孩吗？"看守先开口问。

"有，你看。"尼尔森拿出皮夹，手忙脚乱地翻出了全家福照片。

看守也掏出照片，并且开始讲述他与家人的故事。此时，尼尔森的眼中充满泪水，说他害怕再也见不到家人，怕没有机会看到孩子长大……

看守听了以后流下了两行眼泪，突然，他打开牢门，悄悄带尼尔森从后面的小路逃离监狱。他示意尼尔森尽快离去，之后便转身走了，不曾留下一句话。

若干年后，尼尔森回忆说，如果不是那一个微笑，他不知能不能活着离开监狱。一个不经意的微笑竟然救了他一命。

从心底发出的微笑，它能传达许多情绪信息，它似乎在对人说：我喜欢你，我是你的朋友，也请你喜欢我。微笑具有很强的情绪感染力，它是一个非常主动的信号，这比应别人情绪要求而做出的反应要有力得多。微笑还传达了这样一个信息：你是一位能接受我的微笑的人。所以，真诚的微笑如春风化雨，润人心扉，也为彼此的沟通打开了一扇门。

心理学家认为，如果你对他人微笑，对方也会回报以友好的笑脸，但在这回应式的微笑背后，有一层更深的意义，那便是对方想用微笑告诉你，你让他体会到了幸福。由于我们的微笑，使对方感觉到自己是一个值得他人表示好感的人，从而有一种被肯定的幸福感。所以他也会快乐地对你微笑，这便是为什么微笑那么容易感染人。

密歇根大学心理学教授米柯纳的研究表明，面带笑容的人，比起紧绷脸孔的人，在经营、推销以及教育方面更容易取得成效。笑脸比紧绷的面孔，藏有更丰富的情报，因而更有感染力，更有可能在人际互动中占据主动。

既然微笑有这么大的魅力，为何还有许多人一直都绷着一张脸，不轻易给人展示笑容呢？其中主要的原因，是他们想抑制住自己内心的真实感情。他们从小便接受这样的观念："向他人泄露自己的真实情感，是一种不成熟幼稚的表现，是一件让人感到羞耻与尴尬的事情。"

因此，许多人努力把自己的情感深深地隐藏起来，不让人洞悉自己的内心世界，久而久之，面部肌肉僵硬，变成了一个不会快乐微笑的人，一个对任何人都摆上一副扑克脸的不受欢迎的人。

如果，你是这样的一个人，相比你的生活一定没有多少快乐可言。想要改变这种状况，那么你需要先从练习自己的微笑开始。

每天清晨洗脸的时候，站在镜子前面练习微笑，它可以产生放松的身体状态，而放松的生理状态与紧张的情绪状态是不相容的。因此，当你绽开笑容，愉快的情绪会随之而来。美国著名的心理学家威廉·詹姆士曾说过："动作与感情是并行的，动作可以由意志直接控制，可是感情却不行，必须先调整动作，才能够间接地调整感情。我们是因为跑而害怕，笑而愉快的……"

在短时间内就会发现自己的性格有所改变，你渐渐地能传达自己的情绪，并影响他人，甚至可以使自己与他人建立友好的关系了。

微笑的人给人的印象是热情、富于同情心和善解人意，所有的人都希望别人用微笑去迎接他，而不是横眉冷对。冷漠会阻碍心灵的沟通和思想的交流，但微笑却可以帮我们扭转气氛，传递一种友善的信号，这种信号正是良好沟通的开始。你的笑容就是你好情商的信使，你的笑容能照亮所有看到它的人，所以，请别再那么吝啬微笑了。

11. 主动认错的卡耐基

通常，人们会认为承认自己的错误是一件非常丢面子的事情，然而实际上并非如此。认错也是一门学问，用适当的语言技巧去迎合对方心理，就能轻而易举的达到四两拨千斤的效果。假如你知道别人将要批评你，那么在他开口之前，不妨先主动地自我批评一番。这样的话，十之八九他会采取一种宽容的心态，并可以原谅你的错误。戴尔·卡耐基的一段经历就很好地说明了这一点。

卡耐基的家接近纽约市的中心地带，不远处是一大片森林，卡耐基经常会带着他的小哈巴狗去那儿散步。因为在森林中很少遇到什么人，所以卡耐基没给他的狗戴上口套，也没给它上皮带。

一天，卡耐基在散步的时候碰到一位骑警。这位骑警没好气地说："你不给这条狗上皮带，也不给它戴口套，还让它在这儿到处乱跑，你是什么意思？难道你不明白这样做违法了吗？""不，我知道。但我想它在这儿不至于能做出什么坏事来。"卡耐基解释道。

"你觉得它不会？法律可不关心你到底是怎么想的！这条狗有可能会咬死松鼠、咬伤小孩子。这次我不跟你计较了，但如果下次再让我见到这狗不拴皮带、不戴口套的话，你只有自己去跟法官讲清楚了。"

后来在散步的时候，卡耐基果真是完全按照那位骑警的交代去做的。但只有一次，卡耐基没给狗带口套，偏巧又碰见了那位骑警。

当骑警叫住他的时候，他忽然灵机一动，与其让别人训斥，还不如自己训斥自己！他赶紧说："警官先生，这次您又当场逮到了我。我错了，我错了！这次我没有托词，没有借口了。上个星期您已经警告过我，如果我把狗带出来时要是再不给它带上口套，您就处罚我。"

本来那位警官是要训斥他的，好让他意识到自己做错了，可是还没等警官开口，卡耐基就自己主动认错了，现在警官还能说什么呢？结果警官和气地说："哦，我理解，在四周没有人时让这样一条狗在这里散步……""是的，确实是非常惬意的事情，但是这样毕竟违法了。"卡耐基却依然对自己不依不饶。

"啊，这样一条小狗是不会伤到人的。"

"不，不，但它可能会咬死小松鼠的。"

"好了，好了，我认为你有些过于认真了。我来告诉你应该怎么做吧，你让它跑到山那边去，这样我就看不见它啦，然后，我会忘了这件事。"

真是令人难以置信，一个威严的警察居然能说出这么"富有人情味"的话来，但这话又的确是警察所说。试想一下，卡耐基在碰到警察时，如果不先发制人，主动承认错误，而是试图为自己的行为辩解的话，又会是怎样的结果呢？

毫无疑问，能主动认错的人无疑是一个高情商的人。因为他能够把"自我"收放自如，当错误产生时不会为了为了自我的面子和争一时之气，所以才能够认识自己的错误，并主动承认。而这样做的结果是让别人的自我得到了满足和认可，那么他就会非常容易原谅你。

而且对于高情商者而言承认错误并不是很丢面子的事。遇到生活中的小事，低头认错会被他人谅解；倘若出现了学术上的错误，勇于认错会得到人们的尊敬，尤其是那些大人物在公共场合公开承认自己的错误更是如此。

比如贵为天子的汉武帝刘彻，就曾经向天下颁布自己的《罪己诏》，对自己一生所犯的过错进行总结，并向因此而导致生活和生存受到影响的众人道歉。历史上对此有很高的评价，尽管他已经犯下了错误。同样的道理，近代发动战争的法西斯，对世界人民尤其是亚洲人民造成了巨大的伤害，同样的罪行，德国的认错态度就得到了世人尤其是被侵略国家的谅解和尊重，而日本拒不认错却招致了更多人的反感。

　　小到一个平民百姓，大到一个君王、一个国家，只要做错了，就应该承认错误，这不仅是一种勇气，更是一种处世智慧。一个认错态度好的人，可以得到对方的谅解以及周围人的尊重，一个认错态度好的国家，可以得到被伤害国家的谅解以及所有国家的尊重。高情商者敢于面对自己的错误，而且懂得即使低下高昂的头颅，自己并不会损失什么，相反还会使自己的形象在众人心中有所改观，赢得别人的欢迎。

12. 恭维的话说对了才有效

有一位老师要求他的学生对自己的家人去说一句恭维的好话，然后将家人听到这句话后的反应汇报老师。第二天，有一位同学见到他时掏出十美元兴奋地对他说："老师，我成功了！"

老师问他事情的经过，他说："晚餐的时候我对我的妈妈说：'谢谢您为我准备的晚餐，这是我到现在为止吃过的最好吃的炸鸡！'"

"我妈妈听后居然泪流满面，然后激动地跑出餐厅。回来时她开心地抱着我，并悄悄地在我口袋里放了十美元！"

老师听后告诉他："如果你以后也能不断地用真诚的语言去恭维别人，你得到的好处将远远超过这些！"

老师接着说："当然，我还得补充一点：真诚的恭维应该是不求回报的。你恭维别人的话必须有理有据，如果你在别人背后不说他的好话，也决不能拿到对方跟前来说，否则恭维便成了献媚，献媚的结果与恭维是截然相反的！"

的确，适当的恭维，只要不过度，总能取悦人心。人人爱听恭维话，你对人说恭维话时，倘若做到恰如其分，人家必定非常高兴，从而对你产生好感。傲慢的人最爱听恭维话，他们最喜欢接受你的恭维。有些人义正词严，声明自己就不爱听恭维话，相反倒是最喜欢接受批评，其实这只不过是他的门面话罢了。这个时候，如果你信以为真，毫不客气地直言批评，他心里一定非常不快，尽管也许表面上没有什么表示，但内心却已不悦到了极点，这个时候，就不要渴求人家还会对你增加好感了。

几乎人人喜欢听善言，但恭维并不等于善言，只有恭维适度了才是善言。倘若错误地把恭维当作善言，不顾对象、时机和分寸，在交际中千方百计、

搜肠刮肚，找出一大堆的赞词，甚至阿谀奉承，那么你得到的回报往往会事与愿违。

诚然，每个人都渴望得到别人的赞美。但是，我们不能忘记，人们更渴望的是坦诚相见、真情以待，更希望与谦虚、诚实的人交往。所以我们要正确地认识到：善言并不等同于恭维，然而它又离不开恭维。恭维适当便成了善言，而善言则可使新交一见如故，老友情深谊长。那么，如何准确地把握恭维，使恭维恰如其分而又不失度呢？这就需要你注意以下几点：

（1）注意交际的对象

交往中，要注意交际对象的年龄、文化、职业、性格、爱好、特征等等，恭维对方时要因人而异、把握分寸，如果是新交，则更要小心谨慎。比如，你对一个为自己身材过于肥胖而愁眉不展的姑娘说："你的身材真的很好！"对方一定会认为你是在取笑她而大为不快。但如果是一个身材较好的姑娘，你说出这句话，就可以使对方对你的好感和信任增加。现实生活中，还有不少有识之士喜爱结交"道义相砥、过失相规"的"畏友"，这些人喜欢"直言不讳"，你越是能够一针见血地指出他的不足，他就越喜欢你，相反，你若恭维他，他就会讨厌你。同这类人交往，使用恭维就一定要慎之又慎了。

（2）注意把握时机

说话的时机往往很重要，恰到好处的善言会达到意想不到的效果。尤其是恭维，应当切合当时的气氛、条件。你一旦发现了对方有值得赞美、恭维的地方，就一定要及时大胆地赞美、恭维，别错过了时机。不合时宜的恭维，无异于南辕北辙，结果往往事与愿违，甚至还会产生一定的副作用。另外，还应该注意一点：当朋友发现自己的某种不足而正准备改正时，你却对着朋友的这种不足大加赞赏，这绝不会令你的朋友满意的。"朋友有劝善规过之谊"的古训，在现代交际中也仍然适用。

（3）不要在众人面前只恭维或称赞其中一人

比如，两个外形同样出众的女性朋友同时出现在你面前，如果你只对其中一个说"你今天真漂亮！"之类的话，那么就极有可能得罪另外一个，受到恭维的一方自然高兴，可是没被恭维的一位就会有被冷落被忽略的感觉。

再比如，如果经理在公司的一次会议上，特别指出"这项工作能够如期完成，多亏了迈克！"那么在座的其他下属心中必定忿恨不平，"怎么可以这样呢，实在是太过分了，明明是大家一起做的！""他只不过运气好些而已！""成就是我们大家一起努力的结果呀！"如此一来，办公室战争就会永无休止了，这对公司而言绝非好事。

一般人会认为"既然是如此光荣的事，为什么不在大庭广众下对其进行表扬呢？"事实上，除非没有任何利害关系的称赞，否则极易引起其他员工的嫉妒与不满，所以，这种称赞可以在私底下告诉他，也可避免造成对方的困扰。

而非要在公开场合说的话，就一定要做到表扬每一个人的辛劳，比如"这个项目之所以完成得这么顺利，离不开大家的共同努力。""诸位的辛劳我已向总经理报告过了，他非常高兴。"这才是最完善的做法。

（4）注意恭维的尺度

恭维的尺度往往直接影响恭维的效果。恰如其分、不留痕迹、适可而止的恭维能够让一个人在交际场上更成功。倘若使用过多华丽的词藻、过度的恭维、空洞的奉承，只会让对方感到不舒服、不自在，有时候甚至感到难堪、肉麻、厌恶。

如果你对一位字写得比较好人说："你写的字是全世界最漂亮的！"结果极有可能使双方难堪，但如果你这样说："你的字写得真漂亮！"朋友一定会很高兴，说不定他还要向你描述一番他练字的经过和经验呢！任何事情都要把握一个度，恭维也不例外，千万不要太肉麻，能表达你的意思就够了，而且也不宜太夸张，否则会让人感觉是在挖苦。当然，恭维的程度不够也无法达到预期的目的。所以，拿捏好恭维的尺度是非常重要的。

（5）恭维还需要真诚，要做到不留痕迹

真诚的态度是交际者成功的要素。交际中恭维一定要表现得真诚，要让人感到你是发自肺腑的，是情意真切的。就像我们一开始的那个儿子恭维妈

妈时做的那样，你的恭维是要真诚的，发自内心的，对方才能感受得到。如果只是为了恭维而恭维，可是很容易被发现的。

由此可见，真诚的恰如其分的恭维才能引起人们的共鸣，才是人们内心真正需要的，才能让听者心悦诚服。高情商者知道每个人不同的心理需求，并且根据这种需求来适度恭维对方，当然会得到被恭维者的好感。就像开始那位老师所说的那样："如果你以后也能不断地用真诚的语言去恭维别人，你得到的好处将远远超过这些！"

13. 自卫也可以拥有高情商

在社会交往当中，不是每一个人都会跟你表现得很友好。如果某个人在你猝不及防的时候突然像投递炸弹包裹似的向你挑衅。这时，你该如何处理呢？

当然，你要根据情况采取相应的措施。有些场合，最佳的方式就是温和地婉拒对方的挑衅。从而避开一些一触即发的口角。先来看几种基本的方式。

（1）向对方发射器的发出干扰信号

这种方式可以使对方的质询或指控毫无发挥的余地，你也就不必考虑该如何回答他们了。

都柏林神学院的一位女同学有一次终身难忘的经历。那个时候，她决心要去访问一位世界闻名的作家——山缪·贝克，而这位作家向来以不愿意接受任何人的访问而闻名。这位"初生牛犊"并没有动摇，她远赴巴黎，在贝克的门前露营，希望能够等到贝克改变主意接受她的访问。功夫不负有心人，最后贝克果然动了恻隐之心，答应接受她的访问。不过有一个条件，即访问必须在午餐时间进行，为了不影响他在午餐后立即工作。

访问地点设在附近一家咖啡馆，一开始，贝克就殷勤地询问这位女同学许多有关她自己的身世背景、志向喜好等问题，这位女同学也立即热忱地做出了回答。事后这位女同学才发现，此次访问除了和贝克共享了一顿美好的午餐外，没有任何收获。

贝克非常了解人们的心理，并且十分熟练地运用了人与人相处的基本原则，那就是：多数人对自己的兴趣远超出对他人的兴趣。将话题的中心转移到对方的身上，无疑是一种聪明又不伤感情的自卫方式。

（2）采取战略性的混淆

战略性混淆就是说在紧要关头，你一下子变成了低能儿，听不懂对方所说的话。

电影《安妮·霍尔》里有一幕温柔的场面就采用了这种技巧。疲惫的伍迪·艾伦在深夜里接到了黛安·基顿打来的求援电话，说她房里有"一只吓人的蜘蛛"。一场英雄救美的精彩戏过后，俩人相拥而卧，黛安以兴师问罪的口气问伍迪，刚才打电话给他时，他床上是否还躺着另外一个女人？伍迪立即寒着脸，满是困惑地问道："你这是什么意思？"这无疑是整个片子里最妙的一句话。不是因为他这句话问得突兀，要知道伍迪绝不可能不懂黛安的意思，而是因为这句话最妙地表现出了许多类似的尴尬情形的共鸣。

事实也确实如此，假如我们把所有因做了亏心事而感到良心不安的人召集而成一个秘密团体，相信他们彼此问的定是："你这是什么意思？"

更妙的是，这句话一直都非常有效。没有任何人能抗拒这句话的诱惑，他们都会忍不住立即为原来的问句加以注解、说明，甚至会把原问句所隐含的用意和盘托出。于是，随时都可能爆炸的问题就会像被拆除引信的炸药一样，没有了杀伤力。

另外一个与"战略性混淆"类似的技巧，就是我们接着要谈的"制造"困扰。没有人愿意同精神不正常的人厮混，除非他的精神也有问题。比如，一位不怀好意的入侵者在宴会中伸手把你拉到角落，问你宴会结束后是否还有什么节目，你可以殷切地说："阴天会使你烦躁吗？"或者，一位酷爱打探别人底细的女士不断地追问你："结婚没有？""是犹太人吗？"等等诸如此类的问题，你可以回答她："我是国际交换学生。"别小看这几句无厘头的话，它真的可以给对方造成很大的困扰。

（3）当别人打你的右脸时，把左脸也给他

这也就是耶稣所说的"送上另一面脸颊"。这是遇到语言侵略性较高的对手时的一个最佳方式。就像拳王穆罕默德·阿里说的那样："以静制动，让对手不断地攻击，直到他体力耗尽。"

比如有人当着你的面说你是"一个狡诈的混蛋"，你便可以立即回答："我完全同意您的看法，但我很想知道您认为我做的哪件事最狡诈？"或者对方会说："你是我见过的最懒的人！"你可以这样回答："您说得太对了，那么请问您是否愿意告诉我，您是从什么时候开始注意到的呢？"对方一旦上钩，你便可以随心所欲，想钓他多久就钓他多久。这时，倘若他想挣脱你的钩子，你还可以继续鼓励他指出你的其他缺点。看他还怎么把钩子甩掉。

当然，这种方式要求你有极大的耐心，至于有些人，他们没有足够的时间或精力来进行这种长时间的"抗战"，那就"一面倒"吧。这时你必须积极地参与到对方的指责当中去，同对方一起痛骂自己不当的行为或缺点。比如有人指责你："你对付某人的手段太卑劣了。"你就可以像在谈论别人一样，痛责自己不当的行为！

"唉，你还没见我对付另一个人的态度呢，更是恶劣极了，要命的是，我居然对自己的行为甚感满意。像我这样的人居然还会有朋友，这不能不说是一个奇迹。你一定难以想象，倘若有朋友来请我帮个小忙，我将会怎么回答他们……"

（4）保持沉默

面对对方的挑衅，如果你无法确定该用哪种方式回答，那就保持沉默吧。只要不参与争论，也就无所谓输赢。同时，对方在滔滔不绝的自语中会把自己的缺点暴露出来。因此，你根本不必担心装聋作哑的后果。

在力量相当的情况下，硬碰硬除了两败俱伤外，再也不会得到任何好处。这就是说，我们可以用柔的方式来对付一切不利的因子。柔不是弱，而是一种韧性，一种弹性，当别人对你恶言相加，当别人对你拳脚相向，不要冲动地以牙还牙，而要以温和缓解对方的冰冷，以柔韧应对对方的强硬。你的温柔反击不仅不会显示你的懦弱，反而会让别人感受到你不可侵犯的讯息，以后再遇到你时，言谈上就会有所收敛，甚至对你非常敬佩和尊重。

14. 乔治·罗纳的感谢信

宽容不但是低调做人的一种美德，也是一种明智的处世原则。宽容是人际交往中的"润滑剂"。宽容是一种幸福，生活中多一份宽容，生命就会多一份幸福的空间，生活就会多一份温暖的阳光。宽容铸就了生命的幸福和生活的快乐。

乔治·罗纳曾在维也纳当过多年律师，第二次世界大战期间，他逃到瑞典，变得一文不名，急切地需要一份工作。他懂得好几个国家的语言，希望能在一些进出口公司找到一份秘书的工作。但是，绝大多数公司都回信告诉他，因为正在打仗，他们不需要用这类人才。不过他们会把他的名字存在档案里……

在这些回复中，有一封信这样写道："你完全没有了解我们的用意。你又蠢又笨，我根本不需要什么替我写信的秘书。即使需要，也不会请你这样一个连瑞典文也写不好，信里全是错字的人。"乔治·罗纳看到这封信时，气得简直要发疯。面对如此的羞辱，乔治·罗纳也决定写一封信，气气那个人。但他冷静下来后对自己说："等等！我怎么知道这个人说得不对呢？瑞典文毕竟不是自己的母语。如果真是如此，想要得到一份工作，就必须不断努力学习。他用难听的话来表达他的意见，并不意味着我没有错误。因此，我应该写封信感谢他才对。"

于是，他重新写了一封感谢信："你写信给我，实在是感激不尽，尤其是在你并不需要秘书的情况下，还给我回信。我没有弄清贵公司的业务实在感觉很惭愧。之所以给你回信，是因为听他人介绍，说你是这个行业的领导人物。我的信中有很多语法上的错误，而自己却不知道，我倍感惭愧，而且十分难过。现在，我计划加倍努力学习瑞典文，改正自己的错误，谢谢你帮助我不断地进步。"

这封信发出不久，乔冶·罗纳就收到那个人的回信。不仅如此，他还从那家公司获得了一份工作。可见，拥有一颗宽容的心，对自己的人生将会起到至关重要的作用。

一只脚踩扁了紫罗兰，它却把香味留在那脚跟上，这就是宽容。有位智者曾经说过："几分容忍，几分度量，终必能化干戈为玉帛。"正所谓：退一步，海阔天空；让三分，心平气和。"对于别人的过失，必要的指责无可厚非，但能以博大的胸怀去宽容别人，就会让世界变得更精彩，以宽容之心度他人之过，你就会活得更加精彩。

宽容，意味着你有良好的心理外壳。对人对己，都可成为一种无须投资便能获得的精神补品。学会宽容不仅有益于身心健康，且对赢得友谊，保持家庭和睦、婚姻美满，乃至事业的成功都是必要的。

处处宽容别人，绝不是软弱，绝不是面对现实的无可奈何。在短暂的生命里程中，学会宽容，意味着你的生活更加快乐。屠格涅夫说："不会宽容别人的人，是不配得到别人的宽容的，但谁能说自己不需要别人的宽容呢？"这平凡的话语说出不平凡的道理。的确，人人都需要别人的宽恕，也有别人需要你宽恕的时候，只有人人都宽恕对方，人与人之间的关系才能和睦，生活才能幸福美满。

第六章
当情商遭遇情感

　　一个温暖美满、洋溢幸福的家庭是每个人最初的，也是最终的梦想。然而，生活总是叫人不如意，在爱情和家庭中，总有那么多的争吵、埋怨、猜忌……当我们的情感不能按照我们的理想发展，我们要如何自处呢？那就要从情商中找答案了。

1. 情感是个什么东西？

情感在人们生活中无疑是非常重要的，每个人都有情感，即使再理智的人也会或多或少被情感左右，情感让我们的生活变得感性而美好，当然也让我们时刻体会着美好之外的酸甜苦辣。可是，到底什么是情感呢，这种左右着我们喜怒哀乐的心理成分是如何产生的呢？

每个人都有自己的需要、态度和观念，情感就是人在这些因素的支配下，对事物的切身体验和反应。情感与人的需要之间存在着密切的关系，当人的需要得到满足时，就会产生满意、愉快、兴奋等积极的情感；而当人的需要不能得到满足时，则会产生失意、忧伤、恐惧等消极情感。

科学家通过对大脑的研究，揭示了情感来自何处，以及人们为何需要情感的秘密。研究发现：情感来自于一个被称为大脑边缘系统的部位，快乐、厌恶、愤怒和恐惧都出自这里，欲望也来自这个系统，而爱则来自大脑的一个叫做新皮质的部位。

生活中常会出现一些现象：恐惧使血液流向大腿肌肉，从而使人更易于奔跑；厌恶使脸部肌肉向上皱起，同时关闭鼻孔，从而阻挡难闻气味的进入；惊讶使眉毛上扬，从而扩大眼睛视野，以获取更多的信息等等，这些都是人类原始的情绪沉淀。在人类的大脑反应中，依然存在着原始的情感。

人的情感有着很强的指向性，即情感的倾向性。例如，有的人会厌恶和抵触危害社会的行为，而有的人则无动于衷；有的人能虚心接受别人的批评，而有的人则会产生不满。

那么，我们要如何引导人的情感倾向性呢？人的情感倾向性是由其需要决定的。需要得到了满足就产生肯定性情感，需要得不到满足就产生否定性

情感。仅仅追求感官需要的人，其情感倾向必然低下、卑微；一切以满足个人需要为准则的人，其情感倾向必然自私狭隘。情感的倾向性直接影响人们在面临重大抉择时的态度和倾向，能集中表现出一个人的人生观和价值观。

情感的稳固性，即情感的稳固程度和变化情况，它与情感的深度密切相关。浅薄的情感是变化无常的、短暂的，而深厚的情感则是稳固持久的。变化无常是情感不稳固的主要表现，情感不稳固的人，情绪变化非常快，一种情绪很容易被另一种情绪所取代，人们通常用"喜怒无常"、"爱闹情绪"等来形容这种人。

情感的不稳固还表现在情感强度的急剧变化上，这类人往往在开始时情绪高涨，但很快就会冷淡下来，人们通常用"转瞬即逝"、"三分钟热度"来形容他们。

情感的稳固性是衡量人的性格成熟与否的标志之一，稳固的情感是获取良好人际关系的重要条件，更是取得工作成绩和人生成功的重要条件。

情感能对人的生活产生作用，这就是情感的效能。情感效能高的人，能够把各种情感都化为动力。愉快、乐观的情感可以促使其积极工作，即使情感处于悲伤阶段，也能化悲痛为力量。

情感效能低的人，虽然其情感体验在某些时候也会很强烈，但这种情感仅仅停留在体验上，不能付诸行动。他们在愉快、乐观等积极性情感中尽情陶醉，行动一再被延迟、停止甚至放弃，而在面临悲伤、抑郁的情感时，就更不能自拔。

情感与健康状况和认知水平也有密切的关系。

人的健康状况良好与否，直接影响到人的情感的好坏，过度疲劳、伤痛、疾病等，都能对人的情感产生不良影响，尤其是得了重病，人的情感变化往往到了令人无法接受的程度。例如，营养学家确认，人体缺乏维生素 B2，会导致生活情趣降低，情绪逐渐恶化，甚至使人产生自杀倾向。

情感占据着人类精神世界的核心地位。社会生物学为此就指出，人们危急时刻的情感高于理性，发挥着主导作用。的确，当人们面临挫折、失败和危险的时候，仅靠理智是不足以解决问题的，它还需要情感来作为引导。

　　人类内在的情感，伴随着人类悠远的进化历程，默默地一次又一次地反复出现，直至它被烙印在神经系统，成为先天的、自主性的情绪反应倾向。这个漫长的历史过程，再次印证了人类情感的存在价值。

　　情感的力量是不可小觑的，在任何时候，人们都不应忽视情感的力量。当年泰坦尼克号沉没的时候，年老的船长平静地留在轮船上，平静地面对死亡，他的行动感动了许多人，致使这些人在大灾难和即将来临的死亡面前，也表现得异常镇静，这充分地体现了情感在人类生活中的重要性。

　　人们在进行决策或采取行动时候，情感与理智是并驾齐驱的，有时甚至是情感略占上风。其实人们往往还是把由智商所评定的纯理智看得太重了，强调得太过分了。殊不知，当情感独领风骚的时候，理智根本就无能为力。

2. 爱要这样说出口

现实生活中，因为不敢将爱及时说出口而错失幸福的例子不在少数。的确，你既怕被他人笑话"脸皮厚"，更恐"落花有意流水无情"，只好保持缄默，自己一个人着急、苦恼。其实"窈窕淑女、君子好逑"，当你喜欢上一个人的时候，大可不必羞于启齿，更加不必害怕拒绝。做一些适当的情绪准备，就能够不再被暗恋的苦恼所折磨。

首先，你要抛弃"一棵树上吊死"的想法。男人要知道"大丈夫何患无妻"；女人应了解"好女不愁嫁"。

其次，要明白兔子撞到木桩的几率太低，想要美丽的爱情，就要主动。

最后，要给自己信心。对于男人而言，有一句话值得品味："女性最大的幸福是被爱"；对于女人而言也应牢记一条爱情定律——男追女隔座山，女追男隔层纸。

一个高情商的人深知这爱情是两个人的感情互动，总要有一方先站出来，既然自己先喜欢上了对方，有什么理由不主动呢？当然，高情商人士主动表达爱意，被对方拒绝的情况很少，这是因为他们深谙表达自己爱意的方法。下面就和大家分享几种方法。

（1）制造悬念

先制造一个悬念，为对方树立一个无形的"横刀夺爱"的"情敌"，观察对方是否有欲爱不成、欲割难舍的紧张、矛盾的情绪，如果对方出现这种情绪，就可以将"情敌"的身份明朗化，这时，对方恍然大悟——原来"情敌"就是自己，从而将爱情推向一个新的深度；反之，如果对方没有任何听到"情敌"该有的反应，就说明此时还不到表达爱的时机，你们的感情需要进一步培养。

马克思在向燕妮表白爱情时，就是用的这种方法：

马克思对燕妮说："燕妮，我爱上一个人，决定向她表白。"由于燕妮也是爱恋着马克思的，因此燕妮不由一愣，急切地问："你真爱她吗？"

"当然，她是我见过的最好的姑娘，我会爱她直到永远！"马克思满怀深情地说。

然后，燕妮强忍伤感，平静地说："祝你幸福！"此时，马克思将答案揭晓，他爱上的那个人正是燕妮。

一个悬念、一场虚惊制造出一场让对方难忘，使自己免于尴尬的表白。

（2）寓物言情

选择一件寓意深长的礼物在特殊的时刻送给对方，表达自己的爱慕。这种方式不仅不会使自己限于被对方当面拒绝的窘迫，而且还平添了一种浪漫情调。当心上人的小礼物忽然而至，接受者的想象力便纵横驰骋，于是"奇迹"就会出现。

一位女孩是这样向心仪的男孩表达心迹的：她准备了三张精美的卡片给男孩当生日礼物。第一张卡片上，一位红衣少女，俏皮地对一个男孩做着怪相，上面还写着："请记住我！"第二张上是非常美丽的风景，旁边题有两行小字"如果从开始就是一种错误，那么为什么，为什么会错得这样美丽？"第三张是一个少女抬首望月的画面，写着："好想你！"

寓情于物的表达方式不仅能够体现自己的才思，而且能浪漫又准备地诉说爱意，别出心裁，准确有趣，更富有浪漫的情调，任何一个被丘比特箭射中的人都会欣然接受的。

（3）曲折含蓄

如果对方文化素质与领悟能力比较强，你就可以选择这种方式，这样会使表白显得更加自然。比如，有一个男人是这样求婚的，他说："电饭锅也换了一个大号的了，可是用它蒸出来的米饭，我一个人总是吃不完，为了不让我背上糟蹋粮食的恶名，不如你以后就和我一起吃吧？"这样的表达方式

具有很强的对象性和冒险性。因为，很有可能对方也中意于你，但确实不明白你在说什么。

（4）直抒胸臆

简明、直率、不虚伪造作，大胆而毫无保留地表达自己的爱意的方法一般适用于以下几种情况：①对方是个性情直率，喜欢开门见山的人；②彼此有一定交往基础，清楚地知道对方对自己也有情意；③对方是"靖哥哥"一样木讷的人，你不说得毫不保留，他就不会明白。

列宁追求克鲁普斯卡娅时就是用的这种方法。他说："请你做我的妻子吧！"而克鲁普斯娅的回答也很干脆："有什么办法呢，那就做你的妻子吧！"在现实生活中，你可以说"我喜欢你！给个态度吧，你打算怎么办？"这种直接的方式往往会给人以难以拒绝的力量。

（5）诙谐幽默

用幽默的语言或逗趣的说笑来表达神圣的爱情，是在逃避尴尬和羞怯的同时，又能让对方明白自己的心意的好办法。比如，你可以说"你帮了我这么大的忙，我一定要好好谢谢你！我决定了，我牺牲自己，以身相许好了。左思右想，好像只有这样才能充分表达我的谢意。"这样方式是一种表白，也是一种试探。无论对方怎么回答，彼此在这种令有忍俊不禁、心情愉悦的氛围中都不会有什么不快。

总之，在表白的时候，只要把握好性别角色、情感浓度，发扬大胆主动，执着追求的精神，那么你在爱情的道路上就成功了一半了。

3. 恋爱男女的爱情"诡计"

对于恋爱中人而言，无论男女，爱情都是美好而令人期待的。然而，恋爱中的"男女有别"也是显而易见的。因为基因的构造不同，爱情的心理也大不相同。拜伦说："男性把恋爱当作人生的一部分，女性把恋爱看作整个一生。"男女爱情观的不同，自然也就导致了各自在爱情中表现的男女有别。

为了自己想要的结果，男女都会在爱情中要一些小心机，表现在语言中就是女人的"拒绝战术"和男人的"言不由衷"。

先来听听女人的拒绝战术：

"亲爱的，放假我们一起去旅行吧？"男方问。这时女方无论心里是多么的愿意，也大都会表现出一种矜持和忧郁的态度："这个啊……让我再想想吧！"

又比如，散步时，男方很想搂女方的肩或者亲吻女方，女方很多时候会严词拒绝："这怎么行，会被别人看到的！"

如果男方向女方求婚，多数情况下都不会一次成功，即使她也想和你结婚，但也会委婉的推脱："我还没有准备好！""我考虑一下！""等等再说吧！"

在男人看来女人真是一种难以琢磨的动物，她们好像故意在跟你玩捉迷藏，在你不远的地方冲你微笑，等你走近她却又跑开了。女人仿佛都热衷于这种心理游戏，喜欢让男人着急，最好急得他们团团转才好，就连海涅都说："女性一会儿是天使，一会是恶魔，真是难以琢磨。"当然，女性之所以如此还有很大一部分原因是出于天生的自卫本能和羞耻心。因为出于自我保护的心理而选择本能的拒绝来保护自己的心理和生理不受到伤害。

哈佛心理学家认为，恋爱就像跷跷板，女性在感情上往往属于被动和弱势的一方。她们在潜意识当中认为，如果自己给予过多的热情就会失去重心，而得不到对方的尊重，于是在很多时候她们在言行中会表现得比较矜持；而

当对方因为受到冷落而失望甚至想要放弃时，她们又会主动升温，让对方对自己重新燃起热情。毫无疑问，女性成功地掌握了这种"爱情力学"，希望通过言语中拒绝的战术来掌握爱情的胜负。

男人当然也不甘示弱了，他们虽然没有女人那么多的小心思，但是却也大都明白女人们爱听什么，即使"言不由衷"也在所不惜！现在就来看看男人们是怎样用"言不由衷"来迷惑女人的吧！

他们会对初恋情人说："你是我第一个也是最后一个爱的人！"

会对得不到的女人说："我会守护你一生，即使你不爱我也没关系！"

会对热恋中的女人说："不管你以后变成什么样子，我都只爱你一个人！"

会在女人意想不到时打电话给她说："没什么事儿！只是想听听你说话的声音！"

会在爱情遇到危机时说："只要能和你在一起，不管多么艰难我都不在乎！"

会在甜蜜约会时说："你是我的全世界，我只在乎你！"

甚至会效仿最蹩脚的台词："如果要给这份爱加一个期限的话，我希望是一万年！"

……

无论他们在说这些话时是多么的言不由衷，他们都会眼睛都不眨一下地说出来，因为无论这些话是真是假，女人都愿意毫无理由的选择相信，而且深信不疑。在这方面而言，男人的确是个语言天才。女人即使再怎么懂得拒绝闪躲，恐怕也对这样的攻势招架不住。当然，男人之所以能即使言不由衷却依然大言不惭，除了相信这些话会对女人有用之外，甚至很多时候他们也认为自己说的话是真的。但是，如果女人相信了它并且认为它可以无限期保质的话，那恐怕就只能令自己失望了。

不管怎样，在爱情当中无论男女都有各自的小"诡计"。当然，这并不能说成是对纯洁爱情的亵渎。爱情不是一成不变的，更不是死板的，它需要加入一些色彩才能变得闪闪发光。人人都希望得到闪闪发光的爱情，那又怎么能使自己的语言枯燥乏味呢，即使在里面加一些小"阴谋"、小"诡计"也不是不可以的。

4. 你根本不了解

男人们常说"女人心是海底针，怎么猜也猜不明白。"女人则大都以为自己很懂自己的恋人，直到有一天类似于对方以不合适为理由提出分手这样的当头棒喝发生，才警觉"原来我从来都不了解这个男人"。

其实，由于男女有别，如果我们以自己的情感规律为标准来认识对方的情感，势必就会产生偏差。黛博拉·田南在《你根本不了解》一书中也指出，这种观点上的差异使得两性在对话时有不同的预期，男性以就事论事为满足，女性寻求的是情感上的了解。

一般来说，男女在 10 岁前的差异是比较小的，比如：对于攻击性，二者都倾向与直接地、率直地表现出来，所以无论是小女孩还是小男孩在被激怒的时候都会和人打架。然而，之后，随着年龄的增长，男女所表现出来的差异会越来越大、越来越明显。比如，女孩擅长带有技巧性的攻击策略，像是排挤、耳语、迂回争斗等；而男孩则完全不懂这些策略，他们仍然是采取正面对抗。

女性在团体中，注重合作的建立、敌意的消减；而男性则忽略这些情感问题，强调竞争。这点我们可以从同性团体活动时有人受伤时他们的表现来判断。在男性团体活动中如果有人受伤，那么受伤的人会自动退出，而活动继续；而女性则会立刻中止活动，然后，几乎所有的人都围在受伤的女孩身边安慰她。

女性善于识别情感信息，拥有比较敏锐的情感触角，也懂得表达自己的情感、注重情感沟通；男性对情感的感知则比较钝化，即使对于自己的脆弱、愧疚、恐惧、受伤等情绪，他们也不擅表达、宣泄，而是力求压制。

从诸多方面来看，我们可以得到一个结论：女性侧重于感性，而男性倾向于现实性和理性。在整个生命进程中，男性都不如女性那样"情感化"。这也就导致了男女在恋爱中的分歧。

一项针对 264 对夫妇所做的研究表明，女性普遍认为美满和谐的婚姻最重要的因素是"良好的沟通"，男性则不以为然。

德州大学心理学家泰德·哈森对婚姻关系进行深入研究后发现：大多数妻子都认为，谈心聊天才是亲密的表现，尤其是讨论两性的关系；而丈夫却无法理解为什么妻子总有说不完的话，他们抱怨，"我要和她一起做事情，她却只想谈心。"当然，在恋爱阶段，男性还是比较愿意配合女方经常谈心的，但是结婚后，便越来越少和妻子交谈，反而感觉两人一起做点事情更亲近一些。

男性比女性更具现实性，如果问题不是已经变成事实，他们的态度往往都比较乐观；而女性比较敏锐，事情的发展出现了任何的偏差，即使很小，她们也能感应到，对爱情更是如此。所以，女人总是在向男人求证爱，因为她总是感应到危险；男人却越来越厌烦再说爱，因为他觉得爱情状况很好，比较乐观。

总之，男女双方都习惯用自己的情感观去认识对方的情感，从而使认识结果产生了偏差。自然任何恋爱中的男女都不可避免地有不愉快或意见不一致的时候，这时如果处理不好，男女对对情感不同的处理方式就有可能在彼此间形成更加严重的问题。因此，恋爱中的男女，通过彼此尊重、谅解、宽容等方式来达成情感方面的共识就显得尤为重要，而了解对方的情感认知方式、表达方法，并用它们来看待问题，来体谅对方，更是爱情成功与否的关键。

5. 怎样抓住爱情的"沙"？

有一个即将要出嫁的女孩儿问母亲："怎么样的婚姻是幸福的？"她的母亲什么也没有说，只是从地上捧起一把沙子放在这个女孩儿的面前，她看见了满满的一把沙子，它圆满而又不滑落。这时，母亲双手紧紧地握住沙子，沙子从母亲的指缝中滑落了下来。当母亲展开双手的时候，沙子已经所剩无几了。

这个母亲是想告诉女儿：有一个幸福的婚姻是自然趋势形成的，不要因为一些生活的琐碎而对它抓得或是看得太紧太重要，你抓得越紧就越抓不住它，同样也就得不到美满地婚姻和爱情。

在爱情中，有的人总是要将对方握在手中，控制对方的一切，觉得才会有安全感，才能不失去对方。殊不知，这正是一步步在逼对方离开自己。

恋爱就像放风筝一样，把线拽得过紧，风筝就会挣脱风筝线而去。我们要明白，恋人是一个成年人，需要自己的空间，需要对自己的生活有主导权，不能像对孩子一样对恋人。

恋爱中的双方是平等的，即使其中一方非常没有能力和魄力，即使他会经常做错事，也不要把他当孩子一样看待。因为这样会让对方感觉到没有得到应有的尊重，于是，有意无意地，对方也会把自己放到不被你尊重的地位，做一些不能让你尊重的事情来迎合你的说法，进而使彼此关系越走越远，甚至结束。

当你给对方纠错、挑剔他的缺点或者告诉他事情该怎么做的时候，在那一刻你好像自然而然地变成了他的师长，然而，事实是你是他的恋人而非师长。你的指责会让他感觉很没面子，而他也会讨厌你，虽然这些获取他并没有告诉你。

被人尊重是一个人的本能需求，当一个人在一个环境之中感受到不被尊重时，他便会想方设法地躲避这个环境。这就是为什么很多人宁愿抱着被子睡觉也不愿意去约会的原因。

尽量去尊重你的恋人，这样他会变得愿意陪伴你，而且你要时刻提醒他（还有你自己），你的确是找到了一个魅力十足而且能干非凡的恋人。

尊重自己的恋人，不仅仅是不轻易指责对方、不把对方当小孩看、把对方放到和自己同等的位置上，而且还意味着不束缚对方、充分尊重对方的隐私权。

当一方非常喜爱另一方、害怕失去对方的时候，就会勤奋而痴情地吐出情感之丝，将对方网在自己的世界里，像藤缠树那样不肯给他们半点活动的空间，但网来网去结果往往适得其反。

即使在恋爱中，人也是渴望自由的。适度的自由和信任，会让彼此相处得更加亲密无间。而那种因为害怕失去，所以重视严密监管对方日程、手机、聊天记录的行为只会让人产生窒息感，进而逃离你身边。

因此，给对方一片与同性朋友们消磨时光的空间，往往会促使对方更加乐于陪伴你；给对方一片和异性交往的空间，反而有利于对方在比较中更加珍惜你，至于那种松一点点就出轨的人，不如不要的好，因为，你不可能一生都一刻不松懈地看着他。

人与人之间交际的最恰当距离是若即若离，恋人间也不例外。恋人间长期的耳鬓厮磨，免不了要产生一些小摩擦，如果不保持干燥，会产生潮湿与霉变，对爱情会起副作用，因此需要保持一些"若即若离"的"干燥粉"，才能吸附一些不利的湿气。"若即若离"的功效，在于保持干燥的距离，也就是，保持恋爱时双方的相对独立性和自由度，有利于彼此关系的进一步发展。

每个人都非常珍视自己私密的心灵空间，聪明的人要想进入对方的隐秘空间，唯一的通行证是真诚与理解，并不是靠窥探和审问。

恋爱中的两个人是两个合作的个体，而不是共同体。每个个体都应该给自己留一点空间，保证自己最不想让人知道的、最柔软、最脆弱的地方不受伤害，这样的恋情才能和平持久。

6.吃醋和吃维 C 一样有益健康

一直以来，那些经验丰富的恋爱大师们，谆谆教导我们的都是："要宽容，不能嫉妒，嫉妒是爱情的死敌。"然而，如果你真的一点都不嫉妒，明明知道有一个喜欢你女朋友的男人约了佳人，你还高高兴兴地送女朋友出门，并鼓励她玩得高兴一点，那么，你女朋友就是不跟你分，也得和你大吵一架，要么就是冷战。

由此可见，爱情中少了嫉妒也是一件麻烦事儿，没有醋意的爱情等于没有灵魂的身体。在恋爱的过程中，我们要适度地嫉妒，也就是我们常说的吃醋，适当地学会吃醋，你会发现它会像吃维 C 一样有利于爱情的健康：

（1）吃醋是在乎的代名词

偶尔适度吃醋能够让对方感到自己对你的重要性，获得极大的心理满足。如果，一点儿不吃醋，恋人无论做什么，即使与别的异性亲密接触也无法激起你的嫉妒，那么可以很明确地说，你们的爱情正在走向结束。适当地为爱情加些醋，爱情才会有活力。

（2）吃醋可以激发追求的勇气，调动谈情说爱的积极性

一个羞于表白的人，在看到对方与异性交往比较密切时，往往会被刺激得一鼓作气地把心中浓浓的爱意说出口。同时，生活中，如果你感觉恋人最近对自己有些忽视，那么一个适时的"第三者"往往能够让对方满身醋味地积极关注彼此间的感情状况。

（3）吃醋吃得好就是一种可爱的表现，会让对方更爱你

排他性和独占性是爱情的两个基本特征，正是"卧榻之侧，岂容他人酣睡"。女人吃醋时，撒娇、赌气、流泪；男人吃醋时，霸道、专横、无助等

都是一种可爱的表现，是爱情中一道放射异彩的风景线。

　　然而，学会吃醋，并不是让你把自己变成好嫉妒的"醋坛子"，要知道，醋太多了会腐蚀爱情，何况还是一大坛子那么多。再有魅力的"醋坛子"，也只会令人退避三舍。也就是说，嫉妒心理过强，会给爱情生活带来一种潜在的危险，如果处理不当就会发生矛盾，伤害感情，甚至导致爱情关系的破裂。因此，你要把自己的醋意控制在一定的范围内，不能让它变成一种心理障碍。

　　那么，在恋爱中，应该怎样把握好吃醋的度呢？

　　（1）莫名其妙地醋不要吃

　　有的人对外界刺激相当敏感，并且感受度深，情绪影响范围广。只要恋人身边有异性出现，他们就打翻醋坛子。这样会影响到恋人的正常社交，让恋人感到非常不快。

　　与其时刻警惕恋人身边的异性，胡乱吃醋，不如反思一下自己是否过于敏感，有意识地培养自己豁达的心境。

　　（2）吃醋也要有风度

　　没有风度、不顾形象的吃醋很有可能会引起恋人的反感。一般来说，所谓有失风度的吃醋表现包括这几种情况：①对自己的情绪失去控制，不能和恋人很好地沟通解决问题，比如歇斯底里的吵闹等；②把"第三者"牵扯进来，不依不饶地为难他；③不尊重恋人的感情，限制恋人和异性的正常社交。

　　（3）吃醋的频率不宜过高

　　偶尔吃醋能够促进彼此间的感情，天天吃、顿顿吃，就会使恋人陷入刺激麻木中，感到身心疲惫，进而开始逃避你。

　　在恋爱过程中，适量的"醋"是爱情的良好调味剂。适当地吃醋，既能表明你很爱对方，很在意对方的，同时又可以为爱情添味加彩。

7. 当爱已成往事

现实中，并非每段恋情都能开花结果，并不是每一个人的爱情都会一帆风顺，在一个人的感情经历中，总可能有失恋遭遇。倘若他执意分手，或者你们到了该分手的时候，那么就释然吧。或许那个真正给你幸福的人，正在不远的前方等着你。

很多人，在失恋的时候，迟迟不能走出这个其实对他来说已经是苦远多于甜的沼泽。因为无法放弃曾经有过的美好感觉，无法放下曾经拥有的执著，就会让更多不美好的感觉压在自己的肩上、心上，让自己和对方一起在痛苦中煎熬，何况能否惩罚对方还是一个未知数，但是自己绝对是被惩罚最深的一个，因为你剥夺了自己重新开始享受快乐和幸福的可能。

那么，失去一段感情，为什么会让我们如此痛苦，而那个人又是为什么那样让我们难以割舍呢？心理学家认为，原因主要包括以下几方面：

（1）爱情也是一种持续的刺激，习惯后便感受不到

就像人每天置身于空气之中，呼吸空气，赖以生存，可是很多时候你是感觉不到的，因为你已经习惯。直到你失去了它，你才会惊觉，"咦，空气怎么不见了？我感觉怎么如此难受？"

（2）突然失去"自我中心"的感觉会使人心理失衡

爱人对你的爱慕，会逐步培养你"自我中心"的心理状态。在这种状态中，你会快乐沉迷。但是爱人的离开会将这种状态打破，从被人捧着到一文不名，这种转变会给人带来不适应，会让人觉得天塌了一般

（3）"挫折吸引力"这一心理规律使失恋后的人觉得更爱对方

心理学家把失恋分为两个阶段：第一阶段是"抗议"，第二阶段是"放

弃绝望"。在抗议阶段，被遗弃的一方会倾尽全力，用尽一切方式来挽回对方。而在挽回的过程中越是受阻，就越发奋，当真是越挫越勇；并且对恋人的爱也会在这个过程中不断加深。这种现象被称为挫折吸引力。精神病学家为这种奇怪的行为找到了生理学基础，在抗议阶段，人体的多巴胺会增加，从而使遭到拒绝的恋人感觉到更为强烈的激情。（多巴胺是一种控制肌肉运动、并让人产生满足感的化学物质。）

（4）失恋引发的抑郁使人觉得自己更加需要对方

根据哈佛大学社会学家的调查，失恋者患上抑郁症的几率很高，而抑郁会让人沉浸在导致自己抑郁的那件事情中不能自拔。在他们眼里再也没有比寻找所爱更加重要的事情了。

世界上的事物，有开始就有结束，对于爱情也是同样的。即使不在这一刻分开，在将来的某个时刻总会因为某些原因而分开。一段爱情结束，痛苦、悲伤是必然的。但是我们要明白这种痛、这种伤我们可以通过自我情绪的自我调整来治愈。

当爱情消逝了，不必沉迷在痛苦、怨恨、自怨自艾中，也不要试图去纠缠、挽留，更加不要报复对方。一个高情商的人懂得通过成全对方来放过自己。

他们会记得祝福对方，毕竟曾经爱过。所以，分手以后，千万不要告诉对方"我恨你"，那会显得你小家子气。爱情是两个人的事，你也有责任。

分手以后，还想起两个人曾经的快乐时光是很落寞的事情。请你忘记它，因为那个对方已经不会再因为你的落寞而心疼。一个人总要开始新的生活，别让过去把你困在没有阳光的森林。

分手以后，千万别说你最爱的是谁。人生还很长，谁也不知道下一秒会发生什么事情，也许你的真爱等在下一个转角。

分手以后，别把悲伤挂在嘴上，每个人都有自己的故事。大家都长了眼睛，你的不幸和悲伤人家看得到，坚强一点，才会衬得自己更加高尚和可怜；离开对方你也可以过得很好，这样别人才不会看轻你，才会尊重你。

分手离开以后，如果还爱对方，就大声告诉对方"我爱你！但是和你无关。"爱是你的权利，把想说的都说出来。相信在对方的心里，你会人已去，影还留。

　　分手以后，如果还会想起对方，就想想对方的好，对方的笑。记得曾经爱过一个很好很好的人，别去管最后是谁开始了背叛，开心过就好。

　　分手以后，要尽快做回自己。一个人的世界同样有日升日落，也有美丽的瞬间。而对方已经属于过去，过去了就不再牵肠挂肚。对方离开了，那是对方对不起你，相信自己会有更灿烂的明天！

　　失恋的痛苦不会永远跟随着我们，时间会带走一切，无论你是男人，还是女人，无论你的情商问题有多严重，只要时间来了，一切都会渐渐消逝。甩甩头，朝前走，错了日出就别再错过日落，错过了日落，就别再错过繁星。

8. 提升情爱情商的妙招

爱需要学习、修炼才能懂得，需要培养才能根植，需要提升才能长久。这里有培养和提升爱的六大技巧：

（1）"找自己"是"找对象"的前提

在爱的智慧中，没有一个理念比"先找自己，再找对象"这一理念更为重要。找到自己，才会有真正的自知、自信，才会有真正自主的人生和爱情。没有找到自己的人，往往难以找到理想的对象。即使找到而进入爱巢，最后通常会发现，这个小巢根本无法抵挡生活的风雨，而且还可能使自己最后伤痕累累；找到自己，才会有真正的自知、自信，才会有真正自主的人生和爱情。

（2）学会表达爱

学会表达爱是爱的入门功夫。树不长出来就不是树，钟不敲响就不是钟。即使是最伟大的爱，仅仅放在心中还不是爱。如不懂得表达，即使有再美好的缘分也会错过。

（3）保持距离美

爱如火，然而，火能给你带来温暖，也能给你带来灾难。"使人温暖的火"过了，就变成"让人害怕的火"。要亲密，但不可无间；有对象，还得有自己；有自己，还得有对象。这就是爱的距离之美。

（4）选择正确的爱的方式

记住：有时，爱的方式比爱更重要。人们往往想当然地以自己的方式去爱别人，其结果通常不仅没有给对方带来幸福，反倒有可能犯下下述寓言所讲的错误：

从前，有一只海鸟停落在鲁国国都的郊外，鲁侯十分喜欢，以最隆重的礼节欢迎它，并且在宗庙里宴请它，用牛、羊、猪三牲全备的宴席作为它的饭食，还为它演奏虞舜时的《九韶》之乐。但奇怪的是，这只海鸟却忧愁悲伤，头晕眼花，不吃一块肉，也不喝一杯酒，三天就死掉了。

这说明，爱应该采取正确的方式，否则，爱就成了伤人的东西，失去它本身的美好。

（5）永恒的恋人，引导我们上升

歌德的《浮士德》里有句名言："永恒的女性，引导我们上升。"其实，改为"永恒的恋人，引导我们上升"更为贴切。一个伟大的恋人，不但能以其魅力、人格、情感激励我们向上发展，而且会在人生的某些关键阶段，由于有他（她）们的存在，我们的生命甚至会出现脱胎换骨的改变。因此，最美好的爱，总是能够互相促进对方提升爱情。

（6）不时地制造一些浪漫

爱情的神奇魔力在于它来自心灵的震撼。从相识、相知，到彼此关爱；从共进晚餐，到闺房缠绵，浪漫氛围的营造是很重要的。浪漫是爱情的润滑剂，为了两个人的爱情与婚姻生活能够美满和幸福，你应该学会不时地制造一些浪漫的情调。

电影《爱你九周年》里有这样的情节：男女主角相识后，尽管彼此倾心，但始终无法进一步表达自己的爱意。后来，男主角送给对方一块表，然后凝视着她的双眸深情地说："请你在每天中午12点的时候看着这块表，那一刻是我正在想你的时候。"女主角感动地接受了他的求爱。

其实，浪漫很简单，一个小小的花束，一句甜蜜的话语，一个温柔的眼神及动作，都能带来妙不可言的温馨与浪漫。

记住吧！甜美的爱情是需要浪漫和温馨的氛围来装点的，只有我们大胆地去想象、创造，我们才能拥有美好的爱的体验，使爱情天长地久。

9. 完美爱情是这样的

你是否不只一次地问过，"我怎样才能拥有完美的爱情呢"？那么，什么样的爱情才是完美的爱情呢？

那些真正懂得感情的人，多半会告诉你：完美的爱情并不纯粹，它是一种混合物，是亲情、友情、爱情、激情和承诺的有机融合。

耶鲁大学心理系、教育系教授、当代著名心理学家罗伯特·斯腾伯格（R.J.Steinberg）从 1980 年初就开始用心理计量学的观点去探讨爱的本质，他从人际心理学的角度揭示了恋爱中的一些基本问题，比如：为什么人会坠入情网？他的爱情三元论一举推翻了"这就是爱，说也说不清楚"的说法。该理论认为爱有三种基本要素，即：激情、亲密和承诺。这三种元素的不同排列组合，构成了七种类型的爱情。

编号	名称	元素	表征
1	喜欢式爱情	亲情	重视彼此的喜好、理解与期待
2	迷恋式爱情	激情	魅力与性的吸引，比如：初恋。
3	承诺式爱情	承诺	缺少必要内容，比如：为了结婚而结婚。
4	浪漫式爱情	激情＋亲密	崇尚过程，不在乎结果
5	伴侣式爱情	亲密＋承诺	只有权力和义务，却没有感情。
6	愚蠢式爱情	激情＋承诺	缺了承诺，一切都是空头支票。
7	完美式爱情	亲情＋激情＋承诺	这才是爱情处处动人的全貌。

完美式爱情就是一个三角形，三个元素是顶点。斯腾伯格认为不同形状的三角形，代表了不同的爱情。三角形面积的大小代表的是爱情的多少。三角形的形状代表爱情的状态，不等边三角形代表不平衡的爱情。而哪个顶点

到三角形的重心的距离最长，哪个元素就是爱情中的主导成分，哪个顶点到三角形重心的距离最短，哪个就是爱情中该成分的不足。十全十美的爱情应该是一个完美的正三角形。

也就是说，只有当我们的爱情中齐聚了亲情、激情和承诺三要素，并且每一种都比例适当的时候后，我们才能找到完美的爱情。

一方面，我们要踏踏实实地过日子，不能够过度幻想浪漫和激情。

幸福是包含在一粥一饭、一菜一汤的琐碎中体现出来的。浪漫和激情总是短暂，就像烟花一样；而踏实、平凡才是永恒。过多的激情和浪漫会让人心灵疲惫，而平淡却能让人安详宁静。如果你喝了一碗醋，吃了一匙盐，嚼了一把辣椒，这时你就会发现，原来还是只有那碗白开水最好喝。而浪漫和激情就如同蜜糖、美酒一样，不过是用来锦上添花的。

另一方面，我们不能忘记了爱情的模样，要将"风花雪月"进行到底。

两个人在一起久了，难免会少了曾经的激情和冲动，而人又有追逐新奇的本性，如果这时出现诱惑，就难保一段感情不会走到尽头。因此，我们要将爱情中的风花雪月坚持到底，永远让对方的心只为自己跳动，不给爱情坏掉的机会。

最后，我们享有幸福的爱情的同时，也要勇敢给对方承诺，担负起爱情的责任。

热爱自由，讨厌束缚和牵绊都不是不承诺的借口，不给对方承诺就是一种推卸责任的行为。要知道，责任不是牵绊和束缚，不会折断爱情飞翔的翅膀；责任会让爱情更加完美、成熟，让我们更加幸福快乐。

10. 别把情感交流留到离婚仪式上

一个年轻人气冲冲地从家里跑出来，脸上的表情十分僵硬。紧跟其后的是他的妻子，她气急败坏地指着他的背影责骂："你这个没良心的！你为什么不能对我好一点？"

女孩比较注重个人的心灵体验，为了个人的心灵体验，有的要求外在的关系作出让步。这在男孩世界里是不允许的。男孩被要求不能失去自主，女孩寻求的是情感上的关怀，这也使两性在对话时有不同的预期。

小孩子总是担心被人嘲笑有异性朋友。在 4 岁时，大约一半的孩子有异性朋友，两性间的情绪表现并没有大的差异。到 6 岁时，只有 1/5 的孩子仍与异性有朋友关系。到 8 岁时，甚至这 1/5 的关系也破裂得差不多了。两性世界自此分道扬镳，要到青春期开始约会后，才重新交织在一起。

女孩的语言表述能力比男孩成熟得早，因而比较善于表达情感。男孩通常不被鼓励说出自己的情感，所以对自己和别人的情感比较不敏感。

女孩的这种语言优势，一直保持到婚姻关系中。在婚姻中，她们表现出较好的情绪控制能力，甚至把良好的沟通看作婚姻的基石。而许多男性即使在婚姻陷入危机时仍不明白，为何较少的与妻子沟通会导致婚姻的危机。

不少男子结婚后，仍不知道如何控制和表达自己的情感，意识不到夫妻间交流感情的方式，将决定婚姻的存续。他们看中的是社会地位、金钱和权力的获得，以及做爱次数、子女教养方式、财物的处置等等。

善于同妻子进行情感沟通的丈夫，通常不会使婚姻濒临决裂的边缘。

1989 年，英国伯明翰市落成了一座"离婚宫殿"，只要是被判决离婚的夫妇，都可以在此举行一个简朴的离婚仪式。

在仪式上，准备离婚的夫妇一边手拉着手，一边依照规定说："再见了，感谢您与我度过以往的美好时光，祝您未来生活幸福！"而后分手。

据主持人说，建造此宫殿的目的，是使即将分手的夫妇消除紧张情绪，让他们微笑着彼此告别。

在此举行离婚仪式的夫妇，许多人都是挥泪而别的，甚至有些原本决心离婚的夫妇，在最后一刻的情感交流中，回忆起初婚的幸福情景，又重归于好。

等到在离婚仪式上进行感情交流未免太迟了，为什么这些夫妇不把最后一刻的感动，放在生活的每一刻？在他们相处的日子里，在彼此的攻击和吵闹中，又何曾有最后一刻的愧疚？

其实，维持感情的艺术在婚姻的开端、结束都是相同的，只是在相处的时刻，我们把它忘掉了。

11. 夫妻情商的认知模式

夫妻情商中有两种认知模式：乐观的和悲观的。

杰夫与玛丽夫妇坐在客厅里看电视，孩子在一旁吵闹。杰夫有些不耐烦了，他提高嗓门对玛丽说：

"你不觉得孩子太闹了吗？"（杰夫的真正想法是：玛丽太放任孩子。）

玛丽听到这话也深感不快，她顶了丈夫一句："他正玩在兴头上呢，让他再玩一会吧。"（玛丽心里想的是：一天到晚没好脸色，一会儿这一会儿那的。）

杰夫此时真的生气了，他很恼火地说："是不是要我把他叫到房里睡觉？"（杰夫想的是：这点小事也不肯办，这种事也让我恼火。）

玛丽有些害怕了："我叫他去睡觉就是了。"（玛丽心想：他发脾气了，我跟孩子都会遭殃，不如妥协。）

这个例子说明，夫妻之间的交谈真正的含义是由情绪来传达的，语言只是传达意义的一部分而已。而导致婚姻危机的不是平日的话语，而是谈论这些话语时真正的情绪状态。

玛丽觉得丈夫发脾气强加给她与孩子，让家里不得安宁。杰夫则觉得妻子总是不按自己的话去做，没有得到足够的尊重。婚姻中的情绪一方表现为迫害，另一方则怨愤难平，其结果必然是火上浇油，彼此伤害。两个人在情绪的把握上越离越远，互相拆对方的台，不到激烈的冲突时不会妥协。这种情绪冲突一旦成为习惯，受情绪压迫的一方，将不断从配偶的行为中找根据，凡是跟他的期望不符的行为，一律忽略或只以自己的意思加以理解。

这是情绪背后的边界想法，不可不加以重视，因为它随时都可能触动神经警戒机制，导致不可收拾的局面。就以上的例子，玛丽假如不作妥协，叫孩子睡觉这样一件小事，就可能激发一场家庭战争。

在情绪失控导致的对立中，双方念念不忘的只是配偶平日的种种不是，至于配偶相识以来的好处却全部抛至脑后。妻子的温柔，则被理解成口是心非，丈夫的稍有不快可能被理解成大发雷霆。

情绪智商较高的夫妻，总是善于体会配偶话语背后的真实含义，也就能进行较好的情绪沟通。他们能够很快地忘掉种种不快，对当前的状况做出温和的解释，所以能够避免情绪失控。而即使失控，也能较快地复原。

情绪背后的真实想法，在婚姻进入平稳阶段后，就成为较为稳定的婚姻认知模式。乐观的情绪认知，有助于婚姻关系的维持和发展，而悲观的情绪认知则是婚姻的暗礁。

假如妻子一直这样想：他是个自私自利的人，他的教养很差，本性难移。他成天让我给他做牛做马，却从不关心我的感受。这样的情绪潜台词，会流露在夫妻交流的每一种情绪中，随时可能会因鸡毛蒜皮的小事，引发无休止的争斗。

但假如一个妻子的情绪认知是这样的：他今天似乎有点不太高兴，但他以前一直是很温柔的，恐怕今天碰到什么不顺心的事，会不会是工作上遇到麻烦了？这样的认知模式作为情绪的潜台词，即使偶有不快，也不致会有翻车的危险。

夫妻双方都是婚姻这艘航船上的舵手，单靠某一方是开不好这艘船的。而两个舵手间的配合显得十分重要，互相拆台的舵手，船随时会有倾覆的危险。同行的舵手，彼此应当尽可能地进行乐观的情绪认知，常持悲观的想法，容易导致情绪失控，一个好端端的行为，可能导致非常荒唐的结局，动不动就因对方的行为感到愤怒或难过，好像婚姻总是无可挽救，与此同时必然诉诸批评或轻蔑，而对方则可能以逃避或冷漠来表示反抗。

悲观的认知模式加上暴力倾向，婚姻就非常危险了。研究表明，暴力倾向明显的丈夫，在家庭中就仿佛学校中的恶霸，好端端的行为也可能被引为乖张的口实，以发泄他心中的恶气。

受他压迫的妻子未必在情绪上总是流露出轻视、排斥或羞辱，但他却总是以情绪认知模式，接纳从妻子一方传来的情绪信息。他会以为妻子较长时间地同一个英俊男子交谈，是在与他谈情说爱，并对自己表示轻蔑，从而在家中打骂妻子。平时妻子略有不合意处，他就大发雷霆，置婚姻的小舟于狂风大浪之中而不顾。

所以，夫妻之间不同的婚姻认知模式，决定着婚姻关系中对配偶情绪含义的理解，也决定着情绪冲突的界限。不当的情绪认知，使得情绪失控频繁出现，旧创添新伤，导致一连串的婚姻危机，情绪冲突最后忍无可忍，内心充满各种可怕的感觉，思考混乱，而且很容易导致恶性循环。

婚姻咨询专家告诉人们，基于两性对婚姻的情绪态度大有不同，为了维系婚姻关系，应该注意下面的问题：

男性最好勇于面对争论，当妻子对某些问题表示不满或提出某项建议时，很可能是出于维护婚姻的动机，妻子的愤怒和不快，并不能理解为对自己的人身攻击。在多数情况下，妻子只是想强调自己对事件的强烈感受。

积聚太久的不满终将要爆发，但只要有沟通的机会，压力就会减弱，在情绪沟通中，丈夫不可急于抛出解决问题的方案，因为妻子更加重视的是丈夫是否用心聆听，是否能体会她的感受。妻子往往会把丈夫轻率提出的解决方案，解释成丈夫不重视她的感受。所以丈夫最好耐心地协助妻子度过盛怒期，让妻子觉得贴心并受到尊重，这样，妻子一般都会很快平静下来。

对于妻子来说，要明白男性最感困扰的是对自己的抱怨过于激烈，人身攻击应当尽量避免。不要把对某件事的怨恨，上升为对某个人的批评，更不可在批评中夹杂着轻蔑。否则，丈夫在盛怒之下，通常都会采取防卫或冷战，结果必然增加怨愤。

另外，妻子不妨让丈夫感到自己的抱怨是出于对对方的爱，丈夫明白了这一点，通常都能使自己的情绪在崩溃前冷静下来。

12. 听我把话说完

丈夫：求求你别这样大声嚷嚷，行不行？

妻子：我不大声行吗？你根本就没在听我说，一个字也没听进去！

这样的对话发生在许多夫妻之间，却不是每对夫妻都明白。

倾听是维系婚姻的重要力量，妻子一般都把丈夫当作倾诉的对象，女性情感较丰富，对各种刺激的反应较明显，容易引发情绪的大起大落。而丈夫却很少像婚前那样温柔地爱抚她，会使她对丈夫有失望感，这种失望反而加剧了她的絮叨，希望这样会引起丈夫的重视，而丈夫最好的方式是聆听。

而往往在上面的对话过后，伴随的是更加激烈的争吵，双方谁也不听对方在说什么，只顾批评和辱骂对方。其实丈夫的意思可能是："我正在听你说，请你小声一点。"妻子的意思可能是："你只要表现出在听我说话的样子，我就会小声了。"

争吵的爆发，显然是双方都置对方的和解意图于不顾。被抱怨的一方急于自我防卫，把对方的抱怨视为攻击，要么充耳不闻，要么立刻驳斥。许多最终离婚的夫妻都是被怒火冲昏了头，一味在争论的问题上纠缠不清，根本不考虑对方话语中的和解意图，不将抱怨理解为一种谋求改变的呼唤。

诚然，在争吵中仍能保持冷静的人是不多的，大多数人在几句争吵中就昏了头。正因为如此，保持反思能力就变得十分重要。在情绪冲突中保持反思能力是一种较高的修养，它帮助你修正从配偶那里得到的信息，不把自己的认知强加到对方之上，而是将敌意或负面的成分过滤掉，如去掉侮辱、轻蔑、过分的批评等，对对方的信息有一个正确的理解。

通常，夫妻一方过头的情绪表现的目的，在于引起配偶对自己感受的注

意，明白了这一点，就不会对情绪之激烈大惊小怪。假如妻子说："你等我讲完再打岔好不好？"可能你不会因她的盛气凌人怒上加怒，而会耐心地听她把话讲完。

在情绪冲突中，保持反思力的最高境界是同理心，也就是彼此都能明白对方的话语背后的真实涵义。要达到同理心，就必须理解对方的感受，而自己必然是冷静和克制的，否则同理心只会变成曲解，一旦失去冷静，同理心就无从说起。

在自己的感受强烈希望别人能够理解的时刻，是很难心平气和地理解他人的感受的。倾听可使自身得到安宁，也使对方因你的安宁而安宁，情绪通常都这样做着无言的传达。

婚姻治疗中，一种常见的倾听技巧是"反射法"：一方抱怨时，另一方用自己的话重复一遍，不但要表现抱怨的内容，还要传达抱怨的情绪。如果对方一次表达不出真实的感受，那就再来一遍，此方法看上去挺简单，真正做起来、却不容易。

这样做的结果，不但使我们理解对方话语所包含的情绪内容，而且能使双方产生真正的情感交流，简单的重复，就使即将爆发的情感冲突湮灭于无形，防止了新一轮情绪崩溃的发生。

在婚姻中，只有彼此尊重与爱才能化解敌意，坦诚的沟通应该避免所有恐吓、威胁、侮辱等字眼，或是各种不恰当的自我防卫：找借口、推卸责任、反唇相讥等。

在争吵中，能够从别人的观点来观察问题是很有必要的，这样，即使最后不能达成一致，也不至于形成激烈地情绪冲突。即使情绪一时无法缓和，你也要告诉对方，自己在倾听对方的谈话，懂得对方说话的意义。

人在自我感觉受到伤害的情况下，第一个反应是原先最早的反应模式，所以懂得了以上的道理，在吵架时未必能马上派上用场。作为一个习惯的反应模式，它必须在吵架的情境中不断地练习，才能在情绪冲突来临时自觉地加以应用。

无疑，做到了这一点，你的婚姻生活的情商就提高了一大步。

13. 用幽默维持家庭心理和谐

　　幽默可以给人的生活带来快乐，可以化解人们在生活中遇到的各种忧愁和烦恼。幽默的谈吐也是爱人之间进行交流和增进彼此关系的"润滑剂"。倘若夫妻之间缺少沟通，就无法了解对方的思想感情，婚姻关系就不可能有日新月异的成熟和长进，而这场犹如马拉松式的婚姻，恐怕也就没那么容易维系了。

　　没有一个家庭成员希望家庭感情出现危机乃至破裂，人人想拥有一个充满爱意的家，这就需要家庭成员之间多交流，沟通思想，互相关心。运用形象化的幽默语言，可以达到意想不到的效果。如果丈夫忘记做什么事情了，妻子幽默的点一下和大声埋怨，肯定会产生不一样的效果。幽默可以帮助人消除烦恼、忧愁和疲劳，有利于人的身心健康，有利于家庭成员之间的和谐相处，能够化干戈为玉帛，使各种家庭矛盾一笑了之。

　　有一位妻子聪明能干，丈夫却毫无上进之心，不但如此，还在家里摆架子，以家长自居。直接批评丈夫显然会激化夫妻之间的矛盾，一天，妻子讲了一个寓言故事帮助丈夫正确认识了自己，从此发奋努力，终于取得了一定的成绩。

　　下面是这则新寓言：

　　飞机上，一个乘客向空姐要饮料，半天都无人理睬，乘客只好作罢。

　　不一会儿，忽听那边也有人向空姐要饮料，还骂骂咧咧的。看过去，原来是一只鹦鹉，也奇怪，空姐竟然乖乖地将饮料给鹦鹉送上。没想到这鹦鹉仍不肯罢休，继续骂骂咧咧要这要那，每次骂过，空姐都赶紧把东西送上。乘客茅塞顿开，原来这空姐是吃硬不吃软啊，得骂！于是乘客学着鹦鹉的样子骂骂咧咧，果然，空姐送来了他要的饮料。这下乘客乐了，嘴里也不停地

骂着向空姐要这要那。

正当乘客骂得起劲时，机长从驾驶舱走了出来，他一把抓住这位乘客向飞机外边扔去。倒霉的乘客从空中往下跌落，怎么都想不通。可是很快，飞机门又一次打开，鹦鹉也被扔了出来。

鹦鹉飞到乘客身边，绕着他飞了几圈，惊讶地说："原来你不会飞呀？那你在飞机上牛什么？"

这则寓言给大家带来的不只是幽默的乐趣，在笑过之后，丈夫便意识到了自己的问题，于是痛改前非。

夫妻之间不能缺少幽默，只有放松心情才能使爱情更甜美、婚姻更牢固。

幽默语言可以使我们内心的紧张和重压释放出来，化作轻松地一笑。在沟通中，幽默语言如同润滑剂，可有效地降低人与人之间的"摩擦系数"，化解冲突和矛盾，并能使我们从容地摆脱沟通中可能遇到的困境。

幽默的无形保护剂作用发挥得越好，就越能保持个人所需要的精神上、生理上的平衡。活得快乐的雅士们并不比谁更受命运眷顾，可以免受生活的磨难，生活对所有的人都一视同仁。那些总是快乐的人最大的特点就是学会了用幽默风趣的心态应对人生的风雨。家庭的快乐和谐也同样如此。

据说古希腊伟大的哲学家苏格拉底的妻子是一位脾气十分暴躁的女人，常对他发脾气，大吵大闹，很长时间还不肯罢休，苏格拉底只好退避三舍。这位可怜的先哲经常生活在夫人的淫威压迫之下，在当时男尊女卑的时代里，这样的遭遇让苏格拉底的很多朋友都对他深表同情。而苏格拉底总是对旁人自嘲道："讨这样的老婆好处很多，可以锻炼我的忍耐力，加深我的修养。""我连这样的人都能够对付得了，以后还会害怕对付不了别人吗？"

有一天，朋友在门外招呼苏格拉底一起去参加一个讨论，结果正好碰到苏格拉底的夫人在发火，把苏格拉底骂得狗血喷头。看到朋友，苏格拉底赶紧往外走，盛怒之下的妻子顺手把一盆洗脚水兜头从楼上倒了下来，把伟大的苏格拉底淋成了个"落汤鸡"。这时候，面对朋友愤怒的表情，苏格拉底不但没有发火，反而笑了笑，自嘲地摇了摇头："我们走吧，我就知道，响雷过后必定会有暴雨，你看怎么样？"大家听了哈哈大笑，一场难堪巧妙地化解了。

　　幽默是最为高明的情商，它是严酷现实的润滑剂，能够减少彼此间的摩擦，它的功用超越于其他方法。同家庭成员相处时难免会有这样那样的摩擦，我们的宗旨是大事化小，小事化了。能够解决这些事情的最佳方式莫过于幽默了。这样既化解了矛盾，又避免了争执，使家庭变得更加和睦温馨。

14. 学会做个聪明的"经营者"

曾经听人讲过这样一个故事：

沙滩上两粒沙子遇到了一起，相爱了。其中一粒对另一粒说："我要磨碎自己，把你包起来，永不分离。"另一粒也这么说。于是两粒沙子便相互摩擦着身子……终于，两粒沙子都磨碎了自己，尽管此时它们谁也无法把对方包起来，可此时两粒沙子已经完全融合在了一起，分不清谁是谁了……

一对相爱的男女有机会在一起，就像沙滩上偶然相遇的两粒沙子，这原本就是一种缘分，只有相互不断地摩擦，才能最终相互融合，长相厮守。尽管摩擦有时候很痛，可千万别失去信心，不然，生活的"潮水"就会在你们没有融合前把你们冲进大海，永远无法再见面。

夫妻间的磨合不是简单的一句话，其中有理解、有包容，还有让步。通过理解、包容和让步，夫妻关系才会自在、默契、和谐。这需要夫妻双方都珍惜夫妻感情，顾及对方才能做到。如果两个人都不肯改变自己或作出让步，只是一味地指责对方，夫妻间就会磨而不合，摩擦不断，感情就会受到影响，婚姻也容易亮起红灯。

婚姻的过程就是一对夫妻相互磨合的过程，这个相互磨合的过程也就是你适应我、我适应你的过程，就如同急流适应河床。适应了这个磨合的夫妻，婚姻就如同走入正常河道的水流，一路向前奔腾。反之，则会出现偏差和障碍。

在这个磨合的过程中，夫妻之间首先要学会"懂"得对方。所谓的"懂"就是能体察对方的处境和情绪，给予了解和体贴。当对方遭逢挫折时，不讽刺、不挖苦，不说一句有损他尊严的话；当对方需要安静思考的时候，不吵闹；当对方意气用事时，不和他一般见识……学会"懂"，能够体察对方的情绪，才能避免伤感情的吵闹。

有这样一对夫妇：丈夫失业了，怕敏感的妻子担心，就没有告诉妻子，每天仍然像以前那样上班下班。为了赚取家用，他在一个工地找了一份搬砖头的临时工，早上来上班，晚上脱换下满是尘土的工服，换上西服回家。

一个晚上，他和妻子在吃饭，妻子对他说："你不是想换工作吗？刚好，有家公司急着找人，我觉得这工作和你专业挺对口的，要不你去看看吧？"说完，妻子把一张名片递给了丈夫。

丈夫看着妻子，再看看桌上这一个月来每天都少不了的木耳炒肉，木耳可以清灰。忽然，他明白，原来妻子早就什么都知道了，她心疼自己在工地干活灰尘大，才特意炒这道菜给他的。"老婆，你真好！"丈夫感动地说道。而妻子则对他微微一笑。

丈夫知道妻子敏感，为了使妻子免于担忧的痛苦，他绝口不提自己的痛苦；妻子懂得丈夫的尊严和爱，她装作什么都不知道，只是默默地支持他。

体察对方情绪，体贴地照顾对方地感受，能够有效地避免夫妻间的冲突，增进彼此感情。如果争执已经发生，千万不要秉持着一定要分个胜负的心态。要知道，婚姻是过日子，而不是打仗，在适当的时候，要学会示弱。

两个在不同环境下长大，有着不同经历、不同个性的人走到一起，必然会有一个相互了解相互适应的过程。在这个过程中，选择放弃就是选择新生、选择希望。不要企图去改变你的爱人，那将得不偿失，每个人都会有自己的固执，一旦固执引起了逆反心理，那么他（她）从婚姻中逃离的日子也就不远了。

其次，要用宽容来经营婚姻。

宽容是婚姻的最高境界。两个人相处不可能没有意见不合、有分歧的时候，然而，婚姻之所以还能够和谐，就是因为宽容。夫妻俩彼此迁就，即使对方错了，也可以完全不放在心里。家是讲情的地方，不是讲理的地方，理讲多了，情就容易淡了。如果爱一个人，就应该宽容他的一切；同样，宽容也是爱的最佳体现。它不但可以拓宽沟通的范围，还能不断地扩大自己的舒

适区。

斤斤计较，总是对立地争论，一件很小的事情也要争个高下，这是很不明智的。本来家庭生活中就没有道理可言，过于感情用事经常使道理变得更加混乱。

争论与执拗或许能取得一时胜利，却容易给对方留下不讲理的印象，伤害两个人的感情。长此以往，两个人都会感到无聊与疲惫，只有示弱才是明智的解决办法。示弱不是软弱、懦弱、退缩，而是一种尊重、礼让、宽容和爱的表现。

此外，我们还要懂得储蓄感情。

婚姻生活中充满了"柴米油盐"的杂事和烦事，彼此的感情容易被现实耗尽。因此我们要懂得为自己的婚姻储蓄感情。其实，每个人的心里都有一个感情账户，谁对自己好，谁对自己不好，自己该还给谁多少，别人又欠自己多少，都清清楚楚。如果经常在感情户头中储存真爱和默契，户头的款项愈多，提取幸福和快乐就越多，还可以提取微笑、温柔、鼓励、安慰等利息。而现实中彼此的争执、烦恼就如同通货膨胀一样，我们只有不断地储蓄感情，才能让婚姻不贬值。

婚姻是永恒的人生主题，在很大程度上决定着人生的质量与价值。它是异性之间的个体组合。这种组合是相对的而并非命中注定的安排，因此，它需要选择、追求和适应，需要建立、培养和经营。这一切都离不开理性的参与。世界上没有完美的人，却可以有完美的结合，只要我们有意识地去磨合彼此，去培养自己的情商。

第七章
"白骨精"的职场情商课

为什么捡废纸成为了进入公司的敲门砖，为什么高收入者薪水越来越高，为什么有人奋斗多年还在原地踏步……这些可都是职场情商在作祟呢，只有让自己的职场情商不断提升，才能做到运筹帷幄，决胜职场。

1. 你爱你的工作吗?

你爱自己的工作吗? 相信能给出肯定答案的年轻人少之又少。工作只为糊口，而非为了自己的兴趣爱好，这是很多年轻人的工作现状。尽管不是很喜欢，但是迫于生计，也要继续去做。长此以往，失望情绪必然产生。这样不仅自己不快乐，工作也不会出色。

尝试着改变吧，要么换一份自己喜欢的工作，要么调整自己，让自己去热爱现有的工作! 唯有当你找到自己感兴趣、热爱的工作时，你才能够尽自己最大的努力、精益求精地去完成它，而完成后，内心的满足感是无与伦比的。

一个高情商的人，总是能够从自己从事的工作中找到乐趣的人，然后积极热情地投入工作之中，高效率、高质量地完成工作，进而才能成功。一个无法从工作中找到乐趣的人，是无法做好工作的，也是无法成功的。

在这方面，爱迪生为我们树立了榜样，他每天工作 18 个小时，发明成果不计其数，而这些并没有人强迫他去做。他挣到的钱也足够让他任意挥霍了，但他仍一心扑在实验室，他如此敬业就是基于他的人生哲学：工作，揭露自然的奥秘并把它用来供人类享用。

由此可见，一个人在工作中能否找到自己的位置，能否以最大的热情投入到工作当中，是他的事业能否成功的关键。工作的热情会感染你周围的每一个人。

有三个人做了一个游戏，要在纸片上把他们曾经见过的印象最深的朋友的名字写下来，还要解释选择的理由。结果公布后，第一个人解释了他选择所写下名字的理由是："每次这个人走进房间，给人的感觉都是容光焕发，好像给生活增添了许多乐趣一样。他热忱活泼，乐观开朗，总是让人感到振奋。"

接下来第二个人也解释了他的理由："无论在什么场合，做什么事情，他都是竭尽所能、全力以赴。他的热忱感动着每一个人。"

第三个人说："他对一切事情都尽心尽力，所付出的热忱无人能比。"

回答问题的这三个人都是英国几家大刊物的通讯记者，他们见识广，几乎踏遍了世界的每一个角落，结交过各种各样的朋友。他们的回答却是出奇的相似。他们互相看了对方纸片上的名字之后，出人意料的是他们竟然写下了同一个人的名字，就是澳大利亚墨尔本一位著名律师的名字，而这位律师恰恰正是以热忱闻名于世。可见一个人的热忱对自己的工作和人际交往起到了至关重要的作用。

美国著名社会活动家贺拉斯·格里利曾经说过，只有那些对自己的工作有真正热忱的人，才有可能创造出人类最优秀的成果。萨尔维尼也曾经说："热忱是最有效的工作方式。如果你能够让人们相信，你所说的确实是你自己真实感觉到的，那么即使你有很多缺点别人也会原谅你。"

在政治工作中同样不乏热忱的事例。吉宁斯·鲁道夫的热忱，使他一生在政坛平步青云。鲁道夫自西弗吉尼亚沙朗大学毕业之后，以压倒性的胜利击败了经验丰富的对手，当选为国会议员，而且由于他本人的能力很强，罗斯福总统也特别看中他。在我们的人际交往当中同样也离不开热忱的交际态度，尤其是在双方握手时，要让对方切实感觉到你真的很高兴和他见面，能够从握手中让对方感觉到你的热忱。然而热忱并不是天生的，而是靠后天培养出来的。每一个人都可以拥有它。你和别人的每一次接触都是在尝试将自己介绍给对方。在工作中找准自己的位置是低调做人的完美表现，也是精明处世的基本保证。当你对工作付出热忱时，就是你进步的表现，因为你已经在你的周围创造出成功的意识，而此成功意识不可避免地会对他人产生积极的影响。你在这个世界上付出的热忱越多，就越能得到你想得到的东西。

不热爱自己工作的人很难在自己的工作中做出成绩。反之，如果你热爱自己的工作，在工作中尽心尽力，用最大的热情投入工作，你就能在工作中取得突出的业绩。当然，你也会很有成就感，因为你付出了，你得到了回报。

　　即使你并不热爱自己的工作，但是，只要你还在做着这份工作，你就要尽自己最大的努力去完成。否则，你就是在浪费自己的时间，浪费自己的生命。爱不是一天生成的，对工作的热情也要慢慢培养。如果你努力投入工作，想在工作中获得乐趣，那你的工作效率就会提高，你也会慢慢爱上自己的工作，你的人生也会为此而改变，因为你正在做自己热爱的工作。

　　不是工作没有乐趣，而是你不去主动寻找乐趣。如果你尝试着去热爱你的工作，努力从工作中寻找乐趣，努力以最大的热忱投入工作，而不是去怨天尤人，那么，工作将会回报你更多！

2. "做对的事"比"把事做对"更重要

　　高情商的人对外界环境具有很强的体察能力，他们能够正确地分辨出，什么样的环境是适合自己的、有利于自己的，什么样的环境对自己是不好的、是不利于自己发展的；他们能够很准确地找出适合自己发展的环境。

　　由于每个人都有自己的特质，因此所适合的发展环境也是因人而异、各有不同的。找了适合自己发展的领域和环境自然可以给自己的人生增值，反之，如果不能很好利用自己的情景体察能力去找到适合自己发展的环境，就会耽误了自己的前途、浪费了自己的生命，使自己的人生贬值。

　　20 世纪 50 年代，爱因斯坦曾收到以色列当局的一封信，信中恳请他去就任以色列总统。爱因斯坦是犹太人，如果他能当上犹太国家的总统，这在大多数人看来，的确是件大好事。然而，出乎所有人的意料，爱因斯坦竟然拒绝了。他说："我的一生都是在同客观物质打交道，既缺乏天生的才智，也缺乏经验来处理行政事务以及公正地对待别人。因此，本人不适合如此高官重任。"

　　马克·吐温曾有过经商的经历。第一次他从事打字机经营，结果因受人欺骗而赔了 19 万美元；第二次他办出版公司，结果又因为不懂经营而赔了近 10 万美元。这两次经商失败后，马克·吐温不仅把自己多年呕心沥血换来的稿费赔了个精光，还欠了一屁股债。马克·吐温的妻子奥莉姬已经看出丈夫不是经商的材料，不过丈夫的文学天赋实在无人能及，于是她就劝马克·吐温放弃经商的道路，重新振作精神，走创作之路。经过一番深思熟虑之后，马克·吐温也感觉还是写作最适合自己，于是他很快摆脱了失败的痛苦，继而迎来了他在文学创作上的辉煌。

正如富兰克林所说："宝贝放错了地方便是废物。"在人生的坐标上，如果不能找到适合自己发展的环境，在不适合自己的领域里谋生，当然会异常艰难，接二连三的失败也是预料之中，更甚者，连续的挫折很有可能会使我们的意志逐渐消沉，从而永远卑微地生活下去。而如果我们找到了适合自己的土壤，才有可能在此苗壮成长、枝繁叶茂。

一般来说，适合自己的往往都是自己喜欢的，至少是自己认为值得的。而所谓"值得"心理学家们认为至少应该符合三个标准：

第一，符合自己的价值观。只有与我们价值观相符的事情，我们才能满怀热情去做。

第二，与自己的个性和气质相符。与个人的个性气质完全背离的事情一定是不值得做的事情，也很难做好。比如，一个文静内向的人去跑业务，每天与不同的人打交道，这无疑是件痛苦且不值得的事情。

第三，与现实情况和长远利益相符。值得与不值得要视具体情况而定，要着眼长远来看。比如，一个大学生在一家大公司跑腿打杂，我们很可能认为是不值得的，然而，如果短暂的跑腿打杂后，他可能被提升为部门主管或经理，那么就是值得的。

聪明的人非常明白，做对的事情比把事情做对更重要。在不适合自己的环境中熬日子，白白浪费生命、虚度年华，绝不是一个高情商人士的选择。情商越高的人能够快速地找到适合自己的发展环境，然后在那里拼搏、努力。即使那个环境可能会很陌生，但他也能很快适应，并能很快实现自己的价值。

3. 一张废纸是怎样成为敲门砖的?

1963年12月,混沌学之父爱德华·洛伦兹,在华盛顿召开的美国科学促进会上讲道:美国得克萨斯州的一场龙卷风有可能是一只蝴蝶在巴西丛林中扇动翅膀引起的。其原因在于:蝴蝶扇动翅膀,会引起周围空气系统发生变化,并引起气流的产生,虽然相当微弱,但却会引起一连串的连锁反应,最终导致其他系统的极大变化。

洛伦兹的演讲和结论给人们留下了极其深刻的印象,从此以后,人们便用"蝴蝶效应"来指细小因素和看似完全不相关的巨大的变化之间存在着紧密的联系的现象。

由于"蝴蝶效应"独特的、大胆的想象力和迷人的美学色彩,更因为它所阐释出的深刻的科学内涵和内在的哲学魅力,它让许多人都为之着迷。在西方,有一首民谣广为传唱着:"少一个铁钉,丢一只马掌。少一只马掌,丢一匹战马。少一匹战马,输一场战役。输一场战役,失一个国家。"

为了争夺英国的统治权,理查三世和亨利准备决一死战。战斗开始前的一天早上,理查派一个马夫备好自己最喜欢的战马。

"快给它钉掌,"马夫对铁匠说,"国王要骑着它打头阵。"

"您得等一等,"铁匠说,"前几天给所有的战马都钉了掌,铁片用完了。"

"我等不及了。"马夫极不耐烦。

铁匠埋头干活,他从一根铁条上弄下四个马掌,依次把它们砸平、整形,固定在马蹄上,然后开始钉钉子。钉到第四个掌后,他发现没有钉子了。

"还差几个钉子,"他说,"我需要点儿时间砸两个。"

"我说过我等不及了。"马夫急切地说。

"那我得先告诉你，你如果不等的话，我现在能把马掌钉上，但是不能像其他几个那么牢固。"

"那能挂住吗？"马夫问。

"应该能，"铁匠说，"不过我没有把握。"

"那好，就这样吧，"马夫叫道，"快点，不然国王会怪罪的。"

理查国王骑着马冲锋陷阵，鞭策士兵迎战敌人。突然，一只马掌掉了，战马跌倒在地，理查国王也被掀翻在地上。受惊的马跳起来向远处逃去，理查国王的士兵也纷纷转身撤退，这时亨利的军队包围上来。

理查国王气急败坏，他在空中挥舞宝剑，大喊道："马！一匹马，我的国家倾覆就因为这一匹马！"

一个铁钉与一个国家根本无法相提并论，但是就是这样无法相提并论的两件事物却联系起来了，因为一个铁钉的松动，却导致了一个国家的败亡。细小的、看似没什么关系的因素往往能够对事物起到决定性的作用。在职场中，"蝴蝶效应"仍然发挥着奇妙的作用。

美国福特公司是世界汽车产业的巨头，在整个美国的国民经济中，它举足轻重。面对这样一家大公司，几乎所有的人都想进入，然而许多人削尖了脑袋都挤不进去的时候，福特却用"捡废纸"这块敲门砖敲开了公司的大门。

那时候，刚从大学毕业的福特，到这家汽车公司来应聘，同来应聘的竞争者学历都比他高，因此，福特觉得这次多半是没有希望了。抱着姑且一试的心态，福特敲门走进董事长办公室面试，当他把门打开的时候，他发现门口地上有一张废纸，于是就很自然地弯腰把它捡了起来、扔进了旁边的垃圾篓里。随后，福特自我介绍说："您好！我是来应聘的福特。"之后他等待着董事长的面试考验，谁知董事长竟然说："很好！很好！福特先生，你已经被我们录用了。"

福特异常惊讶，他向董事长询问原因。董事长回答说："福特先生，前面几位应聘者确实仪表堂堂，而且学历也比你高，但他们的眼睛只能看见大事，对小事却视而不见，我认为，看不见小事的人是无法成就大事的。而一

个不会忽略小事的人必然能够通过对小事的不断积累而做成大事。"就这样，福特进入了这家公司，开始了他的辉煌之路，不断地将小事情做好，直至将公司改名，使福特汽车享誉世界。

福特不仅通过"捡废纸"这件小事情，获得了众人梦寐以求的工作，而且通过对细节的重视，取得了辉煌的成就。

高情商的人懂得用蝴蝶效应来创造职场奇迹，他们明白一个灿烂的微笑，一个习惯性的小动作，一次大胆的尝试，一次真诚的服务……这种种细节都有可能触发生命中意想不到的契机，它所带来往往不止于一点点的喜悦和表面上的经济报酬，而是一次改变整个的人生轨迹、让自己的事业从此走向辉煌的机会。

4. 怎样让自己的薪水涨得更快?

罗伯特·弗兰克在其著作《牛奶可乐经济学》中曾提到:第二次世界大战后,人们的收入呈现高收入者的收入越来越高,而收入阶梯低层的人则没有太大的进步。当前,中等工资者的实际购买力与 1975 年的情况相比并无太大差异,但 1% 的收入最高的人,其收入却比 1975 年翻了三番,而且收入越是高的人,其收入增幅也越大。以美国大企业的 CEO 为例,在 20 世纪 80 年代时,他们的薪资比普通工人只高 42 倍,然而,今天却高出了 500 倍。

为什么薪资待遇的增长速度会有这么大的差别,为什么收入的差距在不断地被拉大呢?其实,经济学中的"马太效应"能够给我们一些启示。

在《圣经·新约》的"马太福音"第二十五章记录了这样一个故事:一个国王要出外远行。这天,他叫来了他的 3 个仆人,给他们每人一锭银子,让他们利用这段时间去做生意。不久,国王回来了。3 个仆人来拜见国王。第一个仆人说:"主人,我利用你给我的一锭银子,赚了 10 锭。"于是,国王奖励他 10 座城邑。第二个仆人说:"主人,我赚了 5 锭银子。"于是,国王奖励他 5 座城邑。第三个仆人说:"主人,我一直珍藏着你给我的那锭银子,你看,它没有丢失。"于是,国王将第三个仆人拥有的唯一的一锭银子也赏给了第一个仆人,并且说:"凡是少的,就把他拥有的全部夺过来;凡是多的,就给他更多。"

在上面这个故事中,对三个仆人,国王的对待方式是"凡有的,还要加给他叫他多余,没有的,连他所有的也要夺过来。"虽然三个仆人一开始的财富是一样的,但是到了最后却有了天壤之别。而这么巨大的差距是通过两个阶段来形成的:第一个阶段是国王回来前,他们凭借各自的本事和努力去

做生意，这时，由于自身的因素，差距就已经开始产生了，但并不是太大；第二个阶段是国王回来后，国王根据他们的表现对他们进行奖惩，在这种外力的驱使下，他们之间的差距进一步拉大。值得注意的是，第二阶段是第一个阶段的连锁传导，而第一个阶段是第二个阶段的基础。所以，差异虽然是逐步产生的，但是却是从自身开始的。

这就是"马太效应"，强者会越来越强。"马太效应"是美国科学史研究者罗伯特·莫顿 1968 年提出的，本是用于概括"人们愿意帮助声名显赫的强者"的一种社会心理现象，它描述了贫者愈贫，富者愈富，赢家通吃的社会现象。

在职场中也是同样的道理，工作表现好的人，能够得到好的发展机遇和高薪水，有了好的发展机遇，能够接触到更多的人和事，就自然会有更大的机遇在后面等待；有了高薪水，就有钱让自己进修，结识更多的、更高层次的人，自然就能让自己的事业更上一层楼。这就是为什么职场中，高收入者的薪水比普通人长得更快，高职位的人比普通人晋升容易的道理。

任何个体、群体，一旦在某个方面获得成功和进步，就会产生积累优势，进而拥有更多的机会去获取更大的成功和进步。而高情商者通常都是"马太效应"的忠实执行者，他们从进入职场的那一刻起就在想方设法地让自己获得更多的成功，也因此他们比别人更容易成功。

5. 你需要对上司了若指掌

狮王张开了血盆大口，要熊说出它嘴里发出的是什么气味。

熊直率地说："大王，你嘴里的气味非常不好闻。"

狮王怒吼道："你竟敢当面毁谤国王，犯了叛逆罪，应该处以死刑。"

说罢，狮子把熊吃掉了。

接着，狮王又问猴子："我嘴里发出的是什么气味？"

猴子亲眼看到熊的下场，赶忙回答说："大王，这气味很香，就跟上等香水一样好闻。"

"你是个又会撒谎，又会拍马屁的家伙！"狮王又大怒地吼道，"凡是不诚实的，爱拍马屁的大臣都是祸根，绝对不能留下！"

说着，狮子又把猴子吃掉了。

狮子于是又问兔子说："我嘴里发出的是什么气味？"

兔子想了一下说："大王，我今天感冒伤风，实在闻不出您嘴里的味道，等我伤风好了以后闻了再告诉您吧！"

狮王见兔子的回答无懈可击，找不到吃兔子的理由，不得不把兔子放了。

这个寓言告诉我们了解上司的重要性，只有当你对上司的各个方面有全面的了解，你才能有效地影响你的上司，进而为自己的晋升创造条件。

那么，怎样去了解你的上司呢？这就需要你充分地利用你的观察力。如果你是一位善于观察的人，你会花时间去了解上司的目标、压力和优缺点。上司的工作目标是什么？个人目标是什么？他有些什么压力，尤其是来自他的上司和同级经理的压力？他的长处、短处在哪里？他的工作方式是什么？他希望别人的工作方式是什么？了解了这些，你就做到心中有数。上司也有

他的长处和弱点。哪些事情他处理起来得心应手、游刃有余？哪些方面他希望得到下属的支持和协助？

清楚了这些，你就可以让上司扬其所长，抑其所短。如果你的上司精通市场业务，而对财会工作却有些不甚了解，那么你可以帮助上司事先做好细致的财会分析，以帮助他做出正确的决策。

了解上司的领导风格也是很重要的。上司是希望下属扼要地汇报，还是事无巨细都要了解？汇报工作时，他是希望下属提交一份详尽的书面报告，还是做口头陈述，甚至有时还应考虑，在什么时间向上司汇报更合适？

上司可以分为"听者"和"读者"两大类。如果你向喜欢听取口头汇报的上司，提交一份长篇报告的话，那只能是浪费时间，因为他只有在听取口头汇报时才能抓住要点。对喜欢当读者的上司，你谈得再多也只是浪费时间。他只有在读过材料之后，才能听取你所提出的问题。如果上司需要详细，那你无论如何要准备详细。如果上司需要的是建议或者解决问题的方法，那你做简单的报告就可以了。

美国总统布什比较中意赖斯，因为赖斯知道布什不喜欢长篇大论，所有的报告只要一页，赖斯只要把资源整合一下，就可以向布什叙述。

那些一路攀升的人往往会花相当的时间和精力来了解自己上司的性格特点和脾气秉性。上司固然是领导，但他首先是一个人。作为一个人，他有他的性格、爱好，也有他的语言习惯等。有些上司性格爽快、干脆，有些则则沉默寡言，事事多加思考。你必须了解清楚，然后适当地利用领导的性格特点。

对于在职场打拼的人而言，情商是一种非常高的职业素养和工作能力，而了解自己的上司并不是为了溜须拍马，而是为了更快更好地将事情做好，把事情做好不正是职场人的最本质的职责吗？

6. 艾柯卡的忠诚

著名管理大师艾柯卡在福特汽车公司最艰难的时候被任命。得利于他大刀阔斧的改革，福特汽车公司终于走出了危机。后来，福特汽车公司董事长小福特却排挤艾柯卡。艾柯卡受到了如此不公的待遇，很多人都为他鸣不平，甚至有人建议他给公司"捣捣乱"。然而，艾柯卡说："只要我一天还是这里的员工，我就必须对我的企业忠诚，我就应该尽心竭力地为它工作，就应该想方设法地使它更好。"最后，虽然艾柯卡离开了福特汽车公司，但他回想起自己为福特公司所做的一切时感到非常欣慰。

艾柯卡说："无论何时，忠诚都是职场生存的一大准则。"正因为艾柯卡拥有这样的心理素养，他才能受到那么多人的器重和尊敬。

那么，怎样才是忠诚敬业呢，要怎样才能让公司和上司认同你的忠诚敬业呢？一般来说，可以从以下几个方面努力。

（1）认同所就职的企业

每一个员工都希望自己得到自己所在公司的认可，这就要求你必须先认同企业。只有认同了，你才能够心甘情愿地、自动自发地工作，才能在企业这个平台上更好地发挥。如果你不认同自己所就职的企业，那无疑于你自己放弃了这个平台。没有舞台，你又要怎样跳舞呢？

（2）树立主人翁意识

英特尔公司总裁安迪·葛洛夫在为加州大学毕业生演讲时曾说："无论你在哪里工作，都别把自己当成一个受雇者，应该把自己当成企业的拥有者。"在现实中，我们也很容易发现：职场上的大人物往往是那些以主人翁的心态对待企业的人。

在公司的培训课上，我们常听到这样一个故事：

新娘过门当天，发现新郎家有老鼠。于是，她笑道："'你们'家居然有老鼠！"几天后的一个早上，新郎被一阵追打声吵醒，听见新娘在叫："死老鼠，打死你！竟敢偷吃'我们'家的大米。"

换言之就是，员工进入公司后，都应有"过门"心态，要树立主人翁意识，这样才能凡事以企业为先，与企业荣辱与共，工作尽职尽责，全力以赴。企业需要忠诚敬业的员工的奉献，员工则需要企业这个平台来实现自我价值。

（3）自觉维护公司形象

荷兰菲利浦电器公司总裁日思达曾明确提出："我要求企业的每一个员工都责无旁贷地自觉维护公司形象。"所谓企业形象，其实就是企业员工个人形象的集合。

在社会生活中，企业就是员工的名片。当你告诉别人自己在一个企业工作，而这个企业以有信誉、有实力、有发展著称时，别人就会认为你一定是个优秀的人，不然你怎么能在这样好的企业里工作呢。相反，如果企业的声誉、形象受到损害，个人的价值也同样会受到损害。

（4）把忠诚敬业当作职业生存方式

很多人认为：忠诚不过是管理者愚弄下属，使之甘心卖命的工具，敬业也只是老板监督员工的手段，真正的受益者只有企业和老板。事实上，忠诚敬业对员工也大有益处。一方面，因为忠诚敬业的心态能让员工全身心地投入到工作中，除了能为企业带来更多的效益外，更重要的是，从中员工能够大大提升自己的工作能力，累积大量的工作经验；另一方面，老板也会因你的忠诚敬业，也忠诚地对待你，会重用你、提拔你，会投入精力和资本培训你，给你以更广阔的发展空间和更多成功的机会。想想能力、经验、机会、发展空间都有了，你还需要为怎样在职场生存而担忧吗？所以，忠诚敬业就是一种安全有益的职业生存方式。

（5）把职业当事业

职业和事业只有一字之差，却截然不同。职业是一种谋生的手段，而事业是我们心甘情愿地全身心投入，以创造财富和实现自我价值的过程。把工作当成一项成就自己人生的事业去做，一种精神、一种承诺、一种义务、一种责任，为了自己的事业而爱岗敬业、全力以赴，是让自己的人生价值无限延伸、让自己的人生更加圆满的正确途径。

7. 没有任何借口

费尔拉·凯普在其著作《没有任何借口》中，十分强调人的责任感问题。责任是人天然应尽的义务，不管你扮演什么社会角色，都不能罔顾它。责任感是一个人能够立足于社会、获得他人认可、取得他人支持，进而成就事业的至关重要的人格品质。

社会心理学家戴维斯曾说过："如果你放弃责任，就等同于放弃了自身在这个社会中更好地生存下去的机会。"谁放弃承担责任，或者为自己找借口、推诿责任，谁就会被社会、被公司遗弃。责任感是一个人立足于职场的根本前提。

那些责任感强的人往往非常容易得到上司的赏识和同事的尊重。一般来说，责任感主要体现在以下两方面。

首先，每一位职场人都应该把公司当成自己的，要具有主人意识。

在费特曼公司，如果经理问："办公室这么脏，怎么回事？"如果有员工站起来说："报告，今天××值日，他没有打扫卫生。"那么，这个员工一定会被立刻解雇。在费特曼公司，面对这种情况，几乎所有的员工都会这样说："对不起，经理，我立刻打扫。"

其实，不仅是费特曼公司如此在乎员工的主人意识，几乎所有的企业都非常强调员工的主人意识，而这是有其心理学原因的。

心理学家巴利与拉塔内提出的"旁观者效应"就是对"不负责任"的一种诠释。他们认为：当出现问题时，如果在场的人有很多，大多数人都是站在旁观的角度来看问题，所以在众多的人中，真正积极行动起来解决问题的人是极少数的。

"旁观者"心理如果成为企业员工的惯性的话，是非常可怕的。如果所有的员工都置身事外，发现了问题不汇报也不解决，就会使企业运作效率低下，甚至无法正常运作。而员工呢？"覆巢之下，焉有完卵？"

主人意识是公司提倡的，也是职场人在职场中生存所需要的。只有当你把公司当成自己所有的时候，你才能很自然地主动承担责任，才会自觉遵守公司规定而不以之为苦；才能积极主动地完成自己的本职工作；才能在合适的时候何时挺身而出，不畏惧工作的艰辛，揽下更多的责任，以减轻主管和组织的负担……只有每一个员工都具有了主人意识，公司才能够拥有强大的合力，快速地发展起来；同时员工也才能获得更大的职场发展空间。

再则，一个有责任感的人不仅主人意识强烈，而且也拒绝为自己找任何借口。

工作中，你是否会习惯性地说下面这些话呢？

"那个客户太挑剔了，根本就没法和他做生意。"

"我可以早到的，如果不是路上堵车。"

"我没有按时把事做完，是因为……"

"时间太紧啊。"

"现在是休息时间，半小时后你再来电话。"

"这不是我的职责。"

……

如果答案是肯定的，说明你是不负责任的，你必须做些什么来改变这种情况才能在职场中很好地生存下去。

"没有任何借口"是西点军校奉行的最重要的行为准则，即使某些合理的借口，在西点军校也是被拒绝的。也正是因为如此，西点军校的学员们才拥有那么强大的适应能力和毅力，以及强大的责任感和高效的执行力。

在工作中，当自己把某件事情办砸了，或者忘记了的时候，许多人就开始用诸如"堵车"、"家里孩子生病了"、"平台不行"、"营销方案不好"等借口来让自己心安理得。然而，这只是一面敷衍别人、原谅自己的"挡箭牌"。

随着时间的推移，你就会发现，"借口"给自己带来的是怎样的窘境：上司、同事不再信任你，重要工作都不会经你的手，升职、加薪机会渺茫，俨然就已经成为了一个可有可无的人，一有风吹草动就担心自己会上裁员名单。

借口是一副掩饰弱点、推卸责任的"万能器"。它会把你变成一个不负责任，无所担当、无所作为的人。借口总是将"不""不是""没有"等否定性的词和"我"联系在一起，久而久之，它就会腐蚀掉你的自信，让你的能力下降。借口将所有的错误都合理化，渐渐地，它就会把你带入歧途。

因此，要想在职场中立稳脚跟，就一定不要为自己的失利找借口，而是要努力找出导致失败的原因，做好修正，一点点把自己修正得更完美，这样才能一步步走向辉煌。

8. 做不被打的"出头鸟"

迪斯雷里曾经担任英国首相，是出类拔萃的大政治家之一。然而，在一开始的时候，几乎整个英国下议院的人都讨厌他。他们认为这个穿着光鲜夺目的衣服、系着金链子四处招摇的人只是个虚有其表、不尊崇优良传统和习俗，而且还喜欢自作聪明的浪荡子弟，他们觉得自己遭到了迪斯雷里无理的冒犯，因此，十分讨厌他。

那段时间，人们看他的目光总带有敌意。那么，迪斯雷里是怎样摆脱这种困境的呢？

为了改善这种状况，在那几个月的时间里，他故意将自己的才能隐藏起来，做了几次愚蠢的演说，让自己出了几次丑，从而成功化解了那些人的敌意。在那几次演讲中，迪斯雷里表现得十分笨拙，逻辑混乱，思路模糊，例证过于琐碎，事无巨细，他将所有的数目、日期、评估统计等像倒豆子一样全部说了出来。一时之间，他成为了整个英国下议院的笑柄。

然而，当时的迪斯雷里并不为此而苦恼，这正是他所乐于看见的，因为他已经成功化解了那些人的敌意。而接下来，他只要适当地来一场漂亮的演说，就能够彻底扭转那些英国议员们的态度。

事实证明，他的策略成功了。迪斯雷里牺牲了一些"自我"，以慰藉曾经被他伤害到的他人的"自我"，使他人恢复心理平衡。

职场中，许多人认为，由于存在利益关系，因此要想赢得他人的善意并不容易，常常是一出头，就会成为众矢之的。但是，之所以会成为被打的"出头鸟"，是因为过于自负，总认为自己是最伟大的，过于抬高"自我"，而没有满足、甚至在某种程度上伤害了他人的"自我"。而导致这样的行为的

根本原因是人的"自我意识"。

美国合唱团的指挥汤姆林斯有一个女学生，很有音乐才华。汤姆林斯相信，如果这位学生能够虚心地遵从自己的指点，能够至少花 5 年的时间。可是，每每汤姆林斯指点她时，她总是竭力地想让汤姆林斯明白，自己早已经熟悉了那些汤姆林斯教的东西，这使得汤姆林斯十分苦恼。

著名的心理专家米切尔博士听完这个故事后说："人们总习惯在人前显露自己的精明和风光，他们从未意识到，这样会给他人造成什么样的感觉，也从未觉得这样做有何不妥。"

的确，人的"自我"在任何时候都是第一位的，这种自我的重要性驱使着人们去表现自我，去超越自我。然而当自我表现欲超出控制的时候，就会带来极大的负面影响，会使个人的人际关系变得非常糟糕。要知道，他人的"自我"同样是不容忽视、不可伤害的。而那些在职场中左右逢源、即使"出头"也受人爱戴的人，都懂得如何巧妙地抑制住他的"自我"。

著名的管理大师泰勒，即使是与下级谈话的时候，他也不会一口一个"我"字。

美国总统林肯在自己与道格拉斯之间那场著名的辩论中，尽管自己妙语连珠，但他仍然称自己一无所知，只是受了道格拉斯的启发而已。

著名政治家和外交家海·约翰在与人谈话的时候也总是表现得那样谦逊，即使是他的言行中的亮点，他也总是表现得好像是从对方那里获得灵感，而他自己其实是很平凡的。

……

在职场中，要想做不被打的"出头鸟"，就一定要注意维护好他人的"自我"：在无关紧要的事情上故意表现得笨拙、愚笨些；在那些关键时刻充分利用你的聪明才智取得成功，但是一定要保持低调。大智若愚，才能不威胁到他人的"自我"，才能成为不被打的"出头鸟"。

9. 成果需要分享，千万别吝啬

美国有家罗伯德家庭用品公司，公司采用利润分享的成果分配制度，每年的盈利都会按比率分配给每一个员工，简单说就是，公司赚得越多，员工也就分得越多。员工明白了"水涨船高"的道理，为了自己的荷包更加饱满，人人奋勇，个个争先，积极生产不说，还随时随地地注意节约原料、减少不合格产品的比率。8年来，这家公司一直以十分惊人的速度增长，利润增长几乎每年都保持在18%~20%这样的高水平。

由此可见，与人分享成果才能够获得他人的支持和欢心。荣誉和成果，谁都喜欢，然而不应该忘记的是，它们是众人共同努力的结果。因此，在职场中千万不可独占功劳，否则他人会觉得你好大喜功、虚荣、抢功劳，也会因此而讨厌你、疏远你。当然，如果你真的只靠一己之力取得，自然可喜可贺，但是也要低调，否则惹人家"眼红"了，后果也是极为严重的。

卡凡森先生是一家出版社的主编，他手下还有几个编辑协助他工作。卡凡森是个很有才气的人，而且在单位里人缘也很不错，上上下下都喜欢他。有一次，他主编的杂志在一次评选中获了大奖，他觉得高兴极了，也很自豪，因此逢人便提自己的努力与成就，同事们当然也向他祝贺了。但是，渐渐地，他发现单位同事，不管是上司还是属下，似乎都在有意无意地给自己"小鞋"穿，总和他过意不去，并回避着他。而他也失去了原来的快乐。

那么，卡凡森犯了什么错，招来他人这样的对待呢？他所犯的错误就是"独享荣耀"。就事论事，一份好的杂志不可能靠主编一人之力就能完成，这离不了属下的辛勤劳动，也离不开上司的大力支持，这份荣誉本来是大家的，而卡凡森一个人抢了过去。试想谁能喜欢抢了自己东西的人呢？尤其是他的上司，不仅有被人抢东西的感觉，还有害怕卡凡森抢去自己位置的不安。

当与朋友一起取得某项成果时，切忌"独享"。否则，本来是值得庆幸的成就，反而会成为让同事、上下级之间产生隔阂的罪魁祸首。从心理学的角度说，独享成果，在某种程度上说，等于否定了对方的努力和付出，否定了对方的"自我价值"，威胁到了对方的"自我"。这样，势必会引起对方的反感，使双方的关系很难继续发展下去。因此，当你得到成果时，应该做到以下几点：

（1）与人分享

有物质成果，就给每个相关的人都分上"一杯羹"，多少都没有关系。即使没有物质成果的分享，口头上的感谢也是必须的。或许这个成果未必人人看得上眼，但分享是一种礼节，是对对方尊重的体现，同时也是自己不忘本的一种表现。善于与人分享，别人才会觉得你很不错。

（2）感谢他人

看看奥斯卡领奖台上、金像奖领奖台上那些得奖的明星怎么说的吧，"我很高兴！但我要感谢……"那是一种标准的范式。要感谢同仁的协助，尤其要感谢上司，感谢他的提拔、指导、授权，因为你的事业前途有一部分掌握在他的手中，不要独自揽功上身，那很重，你不一定扛得起。即使同仁的协助有限，上司也不值得恭维，你的感谢也是不可缺少的，虽然显得有点虚伪，但至少可以使自己免于被人嫉妒、落人口实。

（3）为人谦卑

在成果面前，自我膨胀过度、得意忘形是常有的事情，但是一定要谨防"乐极生悲"。试想，如果有人在你旁边不停地叫嚣自己有多么厉害、能力有多么强，你会不会讨厌他？当然，因为你正在风头上，旁人是不会明明白白表现出对你的厌恶的，不过，天长日久，以后你的日子会很难过。因此取得了成果时，要更加谦卑，要低调。

其实，与他人分享成果，实质就是一种示好，代表"我们是同盟，有福同享有难同当"，是一种诚意的表示。学会与他人分享成果才能不被他人排挤，才能安然地立足于职场。

10. 学会说"不"

《当经理碰上猴子》中有一段这样的描写：

经理在走道上碰到一位部属，他说："我能不能和您谈一谈？我碰到了一个问题。"于是经理便站在走道上专心听他细述问题的来龙去脉，一站便是半个小时，经理既耽搁了原先要做的事，也发现所获得的信息只够让他决定要介入此事，但并不足以做出任何决策。于是经理说："我现在没时间和你讨论，让我考虑一下，回头再找你谈。"

在这样的案例中，猴子原本在部属的背上，谈话时彼此考虑，猴子的两脚就分别搭在两人背上，当经理表示要考虑一下再谈时，猴子便移转到经理背上。

经理一旦接收部属该看养的猴子，他们就会以为是经理自己要这些猴子的，因此，经理收的愈多，他们给的就愈多。于是你饱受堆积如山、永远处理不完的问题所困扰，甚至没有时间照顾自己的猴子，努力将一些不该摆在第一位的事情做得更有效率，平白让自己的成效打了折扣。而所有的麻烦都起源于经理允许猴子跳到自己的背上。

职场上到处都是猴子，都是任务和责任。你即使有三头六臂也不可能面面俱到。所以，一个高情商的职场人只挑自己真正应该关心，其他的猴子让别人自己去照顾。如果他们自己根本不打算处理，你也不要企图帮助他们解决问题，别人的猴子自有他们自己来照顾，偶尔伸出援手并没有什么不好。但是，如果允许别人的猴子在你的背上跳下去，那你自己就麻烦了。如果别人的猴子正骑在你的背上，你就干脆把它扔下去，猴子自有去处，不用你操心。

如果不是不可推脱的事情，就不要接手任何别人推给你的问题或责任，

如果你接受所有找上门的问题，你自己分内的工作将很难顺利展开，而这样也是很难在职场中生存的。

职场中，那些不懂得说"不"的人，常常会被很多无谓的人和事所累，从而偏离"赢"的正轨；然而，贸然说出"不"又有可能为自己引来不必要的争端，这或许也正是你的顾虑所在。掌握下面的心理工具能够让你摆脱这个烦恼。

在人际心理学中有个非常重要的"互惠原则"，即别人对你好，你往往也会对别人好，而你对别人好，别人往往也不会对你太差。如果别人对你好，但你对别人不好，你就会觉得亏欠了别人，从而引起心理失衡。在这里，我们不妨将互惠法则反过来用。

"互惠原则"正着用，是"投桃报李"；反着用就是"以眼还眼，以牙还牙"。比如说：你刚刚用"不"拒绝了对方的请求，那么此时，对方心里一定是非常难过的。不过你可以立即请对方帮你的忙，请对方帮一个他根本不可能会帮的忙，那么对方也会拒绝你。这样对方用你对待他的方式对待了你，心里的不痛快也就不存在了，心理也就重新找回了平衡。这样就像变戏法一样，就把对方心理上的因你的拒绝而产生的不畅快化为无形了。

举个例子，有个同事请你帮他完成一份报表。你说："哦，不行，因为我还有许多工作没有做完。不过很高兴你拿我当自己人看，找我帮忙。对了，下星期我出差不在公司的时候，能不能请你帮忙料理一下我的事务？"现在，你的同事只会对你说抱歉，并且找个借口，说明他为什么拒绝帮助你。

这是一种非常有效的拒绝别人但不会让对方心里不舒服的方式。一方面，在对方拒绝了你的请求以后，他会觉得非常尴尬，也就不好意思再硬要你去帮他什么，你采用这样的方式拒绝了他们之后，他们很难再跟你争辩什么；另一方面，采用这样的方式拒绝对方，不会导致对方心理失衡，从而引起对方对你的敌意；再则，因为他也拒绝了你，也可以避免你自己陷入内疚的折磨之中。

值得注意的是，在该技巧中，你还必须加入了一个神奇有效的成分，即"因为"。这是你的挡箭牌。

1978 年，心理学家们通过反复研究发现："因为"这个词有着惊人的力量。

研究人员想插队使用复印机，他们对排在自己前面的人说："对不起，我可以先用复印机吗？"这时，会同意他们的要求的人不到一半；然而，换一种说话方式，他们说："对不起，我可以先用复印机？因为我要复印。"表面上看，两种方式之间并没有什么不同，后者是比前者多了一个"因为"，而令人惊讶的事情也发生了：几乎所有人都同意他们插队、先使用复印机。

其实，研究人员的"因为"并没有解释清楚原因，甚至可以说是废话一句。用复印机当然是为了复印，还需要说"因为要复印所以要使用复印机"吗？不过"因为"确实产生了效果。那么这是为什么呢？在人们的潜意识中，他们坚信："因为"后面的解释都是有效，因此，只要听到"因为"，人们潜意识的"接受神经"，就会被触动。这是出于一种人类心理上的条件反射。

也就是说，当你拒绝人的时候，除了要给予对方一个拒绝你的机会，还要用上"因为"这个词。

另外，如果你不确定自己是否有足够的能力帮得了对方，那么，这时也千万不要说"我不确定"、或者"我考虑考虑"之类的话。因为对方会认为你在搪塞他，那么无论你最后是否帮了对方，对方都会反感你：你没帮上忙，他会觉得"故意浪费我时间，帮不上忙还那么多废话……"帮上了，他也会觉得"这个人真不实在，明明能帮，开始还那样推脱……"因此，这时，最聪明的回应是："好！"干干脆脆地答应对方。能帮自然最好；帮不上，他也会觉得你已经尽力了，你还是一个大好人。

身在职场，并不是你一直保持低调、保持谦恭、保持唯唯诺诺就可以赢得别人的认同。与同事相处，就像跳舞一样，需要有进有退，这样，舞才能跳得漂亮。

11. 学会做职场中的"懒蚂蚁"

生物学家发现在蚁群中一个奇怪的现象：在蚁群中，虽然极少，但也有懒家伙。当大部分蚂蚁卖力地寻找、搬运食物时，懒家伙们却东张西望不干活。然而，当突发事件发生的时候，比如食物来源断绝或蚁窝被破坏，勤快的蚂蚁们往往一筹莫展。而"懒家伙"们却开始大显身手，带领众蚂蚁朝着它早已侦察到的新食物源出发。因此，不少学者认为：在蚁群中，"懒家伙"们更为重要，这就是所谓的"懒蚂蚁效应"。同理，那些注重观察和思考，能够把握发展趋势的人在职场中往往能够争取到更为重要的职位。

对一只从树上掉下来的苹果的思考，让牛顿发现了万有引力；对蒸汽将锅盖顶起的思考，让瓦特发明了蒸汽机，从而带来了一场改变世界的工业革命……诸多的事实证明，善于思考能够为你的事业成功添加砝码。

一个人如果不善于思考，那么无论他的学识有多么渊博、多么刻苦勤奋，他都很难会有创新和突破。成功往往更加亲睐那些眼光敏锐、思维活跃、具有独立性和创新精神的人。

很多年前，穿越大西洋底的一根电报电缆因破损需要更换。这则小消息被众人风靡传播，大家都当热闹一样听过了就、说过了就完了。但是，一位不起眼的珠宝店老板却做了一个让众人跌破眼镜的事情，他毅然买下了这根报废的电缆。

许多人都说这个小老板一定是疯了，然而，他却是在经过了深思熟虑以后才做出这种举动的。他将那根电缆洗净、弄直，然后剪成一小段一小段的，再分别装饰包装起来，作为纪念物出售。结果，他轻轻松松地赚了一大笔。

后来，他用赚来的钱买下了欧仁皇后的一枚钻石。那是一颗闪烁着淡黄色华彩的稀世精品。也许你会猜：他一定把这颗钻石高价转手了。其实不然，他几经思考，最后决定以这颗钻石为主角，筹备一个首饰展示会。当然，事实证明他的决定是明智的。梦想一睹皇后的钻石风采的参观者从世界各地蜂拥而至。这次，他又毫不费力地为自己积累了财富。

那么，这个赤手空拳赢得天下的人是谁呢？他就是被称为"钻石之王"的查尔斯·刘易斯·蒂梵尼。

我们常说"三思而后行"，意思是说我们在工作和事业上，要善于思考。事实上，如果想一次就把事情做好，最重要的一条就是做事前的"三思"，多想一想采用怎样的办法才能达到最好的效果。那些懒于思考、不善思考的人，做起事情来往往是事倍功半。

有一名学生，非常勤奋，常常在实验室里一泡就是一整天。他的导师是一位名教授。导师见到这种情况，就问他："清晨，你在干什么？""我在做实验。""那么上午呢？""也在做实验。""那下午呢？""还是在做实验。""晚上呢？""也是在做实验。我每天早晨5点起床，然后立即赶到实验室来做实验，一直到晚上12点才会上床休息。"

教授又问："那么，你什么时候在思考呢？"瞬间，学生明白了，无论怎样努力地做实验，得到的都只是一大堆毫无意义的数据，必须要通过思考，才能使数据有意义。

现代人越来越重视思考，甚至已经喊出了一个响亮的口号："我思考，我存在！"

在职场中，思考能让我们以最少的投入获得最多的回报，能够让我们的工作效率大幅提高，从而，让我们脱颖而出。

1946年，一对犹太人父子来到美国，在休斯顿做铜器生意。一天，父亲问儿子："你知道一磅铜的价格是多少？""35美分。"父亲说："对，得克萨斯州的每个人都知道每磅铜的价格是35美分，但作为善于思考、以智慧著称的犹太人，你应该回答3.5美元，甚至更多。"

父亲的话让儿子感触很深。此后20年，儿子把铜做成各种成品，比如鼓、

瑞士钟表上的簧片、甚至是奥运奖牌，他曾把一磅铜卖到 3500 美元。他就是麦考尔公司的第一位董事长，那位将纽约州的一堆垃圾卖到 350 万美金的人。

1974 年，美国政府为清理给自由女神像翻新扔下的废料，向社会广泛招标。由于环保组织对垃圾处理严格的监管，几乎所有人都认为这是费力不讨好的工程，于是，好几个月过去了，也没人应标。当时，他正在在法国旅行，听说后，立即赶往纽约，看过自由女神下堆积如山的铜块、螺丝和木料后，未提任何条件便当场签了字。

许多自以为精明的生意人都因他的愚蠢举动而暗自发笑，等着看他被环保组织刁难的窘样，等着看这个犹太人的笑话。没有人明白他所做的一切都是深思熟虑过的。他按照自己想的那样做着，把废铜铸成小自由女神像，把水泥块和木头加工成底座，把废铅、废铝做成纽约广场的钥匙，甚至把从自由女神身上扫下的灰尘都包装起来，出售给花店。不到 3 个月的时间，他把这堆人人避之唯恐不及的废料变成人人眼馋的 350 万美金，一举扬名。

人们常说，成功没有捷径。是的，这是无可否认，任何投机取巧的行为都有可能让你得不偿失，然而，条条道路通罗马，在面对多条道路选择的时候，通过观察思考可以让你找到最近的那一条。因此，在职场中，在工作上，我们一定要善于思考，要找到最有效率的工作方法，找到那条最短的成功之路。

12. 适度压力才有效率

梅琳是某大型集团分公司一位非常优秀的人力资源主管，顶头上司对其工作表现和能力赞不绝口。这次集团总经理到各个分公司巡查工作，上司想让她在大会上做相关工作汇报，借此机会推荐她去另外一个分公司任人力资源总监。

对于梅琳来说，这是非常难得的晋升机会，所以她非常重视。在她的企盼中，这一天终于到来了，她怀着紧张而兴奋地心情出席了会议，并做了工作汇报。然而出乎她意料的是，在演讲的时候，一向从容的她竟然心跳加速、小腿发抖，漏掉了许多之前已经背得滚瓜烂熟的要点。而蹩脚的表现也让她与这次晋升机会失之交臂。

一直都表现优异的梅琳为什么会失误呢？其实，在一颗平常心之下，梅琳自然可以正常发挥自己的水平。然而，面对得失，太想获得晋升机会的心态让梅琳失去了平常之心，压力过大，影响了发挥。

与梅琳相反，韦伯却因为没有压力，而使得自己的工作效率低下。

韦伯从事财务工作多年，从进入公司的第一天，他就将成为公司的财务总监作为了自己的目标，而他也一直为此努力着。经过自己的不断努力，不久前，他终于达成了愿望。然而，多年的愿望一夕成了现实，欣喜当然不言而喻，可是他却陷入了迷茫中，没有压力，没有动力，在工作中，好几次出错，如果不是核查人员细心就很有可能会给公司带来很大的损失。

职场中，相信每个人都经历过或者碰到过类似的情况。那么，压力与工作效率之间到底存在着怎样的关系呢？

梅琳的失误和韦伯的低效率都可以用心理学理论中的"叶克斯—道森定

律"来解释。所谓"叶克斯—道森定律"是指压力与行为效果之间存在着一种"倒 U 型"关系，适度的压力水平能够使行为效果达到顶峰状态，过小或过大的压力都会使工作效率降低。

1908 年，心理学家叶克斯和道森通过动物实验发现：个体智力活动的效率和个体焦虑水平之间存在着一定的函数对应关系，表现为一种"倒 U 型"曲线。换言之，当工作难度提高时，个体焦虑水平也会增加，进而带动个体积极性、主动性以及克服困难的意志力的增强，此时焦虑水平能够对效率起到促进作用；当焦虑水平为中等时，能力发挥的效率最高；而当焦虑水平超过了一定限度时，过强的焦虑造成个体的心理负担，进而对能力的发挥又会产生阻碍作用，使效率降低。

也就是说，压力感过轻过重都不利于工作效率。压力感过轻会使人过于放松，忽略了防范风险，同时还有可能使人养成回避责任的习惯，这对于事业发展来说是非常不利的；而压力感过重，也会影响正常水平的发挥，导致工作效率低下。因此，对于职场人来说，要善于管理压力，将自己所承受的压力控制在适度的水平上，这样才能让自己集中注意，提高忍受力，增强身体活力，减少错误的发生，提高工作效率。

13. 你需要"适度宣泄"

心理学中有一个非常重要的"霍桑效应"，有人称之为"宣泄效应"或者"实验者效应"。

霍桑是 20 世纪 20 年代美国芝加哥郊外的一家生产电话交换机的工厂。这家工厂的设备先进，各种生活和娱乐设施十分完备，员工的社会福利也做得非常不错。但是，令厂长不解的是，在这样优越的工作条件下，工人们的生产效率却长期低下。

面对这个奇怪的现象，1924 年 11 月，美国国家研究委员会组织了一个专家小组（包括心理学专家在内的各个领域的专家）对其进行实验研究。

研究初期，专家们把注意力集中在工作条件和生产效率之间的关系上，他们把工厂员工分为实验组和控制组。然后，对工作条件进行各种改变，观察员工生产效率的变化情况。

结果，不管将工作条件变差或者变好，实验组生产效率都上升，而且工作条件维持不变的控制组工作效率也增加。这样的结果完全反映不出工作条件的好坏对生产效率有直接影响。

很快，实验研究进行到第二阶段，这个阶段的实验领导者是哈佛大学的梅奥教授，由他来着重研究社会因素与生产效率的关系。

梅奥教授挑选了"继电器装配组"的 6 名女工作为实验对象，然后开始了长达一年多的实验观察。

首先，女工们被要求在一个一般的车间里工作两个星期，便于专家测出她们的正常生产率。

接着，尝试对女工做以下改变，并观察生产效率的变化情况：

（1）将女工的薪水依赖于车间整体产量的工资支付方法，改为依赖于个人产量。

（2）在工作中，安排女工们上午、下午各休息一次，每次5分钟。

（3）把女工们的休息时间从5分钟延长到10分钟。

（4）把休息次数从上午、下午各一次增加到一天6次。

（5）公司为女工提供一顿简单的午餐。

（6）允许女工们在保证产量的前提下，提前半小时下班。

（7）建立了每周工作五天的制度。

（8）前面所做到变化全部取消，重新回到实验最初的时候。

结果显示，女工们始终保持了高产量，而工作的积极性也始终呈上升趋势。即使当最后她们的一切优待被取消之后，她们的生产效率也从没有下降。

整个实验过程中，许多因素都变了，但是女工们的生产效率却表现得相当稳定，也就是说，必然有一种相对稳定的因素在维持着她们的工作积极性。几经思考后，梅奥教授得出了这样的结论：生产效率的提高主要是由于女工们的精神状态发生了巨大的变化。女工们被挑选出来，并被研究人员所关注着，从而，觉得自己自己对于公司来说是非常重要的，而使女工们得到了社会角度方面的激励，促进了生产效率的提高。

随后，在此基础上，专家们又展开了一次涉及面更广、为期更长的"谈话实验"。

在"谈话实验"中，专家们对厂内2100名职工进行了采访。

起初，他们按事先设计的提纲提问，以了解职工对工厂管理、福利等方面的意见，不过生产效率没有什么明显提高。

后来，专家们将以提纲为基础的问答谈话方式改为由员工们自由抒发意见，想说什么就说什么；同时，原来一个专家同多个员工的谈话方式变成了一个专家同一个员工的单独谈话。在谈话过程中，专家要耐心倾听、认真记录员工们对厂方的各种意见和不满，不得反驳和训斥。

在为期两年的实验周期里，专家们前前后后与工人谈话的总数达到了两万余人次。而这一次，整个工厂的产量大幅度提高。

专家们最后得出这样一个结论：当某个人受到公众的关注或注视时，或者心情畅快地做事时，学习和工作的效率就会大大增加。这就是我们所说的"霍桑效应"。

人不单纯只是"经济人"，并不只受经济利益驱动；还是"社会人"，是复杂的社会关系中的一员，来自社会关系中的积极因素同样能够给人以强大的动力支持。这也就是在现代企业管理中，提倡领导要多和下属谈话沟通的原因。在谈话沟通的过程中，下属们感到被关注，同时，还发泄了心中的不满情绪，也提出了合理化建议，这样，下属们就会有一个积极舒畅的心情，所以工作干劲高涨、工作效率提高。

在职场中，每个人都不可能将工作做得尽善尽美，会有许多不如意的地方，会因此产生不满、自暴自弃等消极情绪。这时，如果强制压抑往往会使得工作效率陷入低循环状态，从而对事业发展产生不利影响。因此，当你感到压抑的时候，一定要给自己找到一个合适的宣泄的渠道。你可以主动找相关负责领导进行交流，可以和同事进行沟通……总之，为了保持高效率地工作，保证自己的事业发展顺利，一定不要过于压抑自己，要懂得适度和外界进行交流沟通、宣泄自己的不良情绪。

14. "钝感"是职场人的必备素质

所谓"钝感"就是迟钝。说到这里，可能会有很多人觉得惊奇，你也许会认为，在发展如此迅速的时代，迟钝怎么可能会是什么好的情商特质？这似乎完全颠覆了一般人的社会常识。

事实上，在各行各业中取得成功的人在他们卓越的个人能力背后，都隐藏着有益的钝感。钝感就是一种不可缺少的个人才能，是一种能让个人才华开花结果、发扬光大的力量。一个人的成就是其敏锐和钝感两者既然矛盾又同一的结合。

首先，钝感能够帮助我们排除工作中的干扰因素。

日本著名作家渡边淳一，曾讲述了这样一个真实的故事。

在他就读的医学院中，有一位主任教授医术高明，但是，在传授学生知识的过程中，他总是不断地严厉指责他的学生，尤其是担任自己手术助手的学生骂得更加厉害。这令很多学生对他都退避三舍，都很怕被安排作教授主刀的助手。

然而，渡边淳一的一位学长却似乎迟钝得完全感觉不到教授手术中的呵斥，总是轻答"是、是"，他只专注于掌握教授手术中的要点，对其余的"杂音"充耳不闻。整个手术过程中，以及手术后，这位学长的心情也完全不受影响。

多年后，这位"钝感"优越、经得住责骂的学长，成为了一位极为出色的外科医师。

其次，钝感能帮助我们减弱挫折感，尽快地走出挫折并一直走下去。

一个不具钝感的人是很难从挫折中走出的。当失败已成定局，敏锐的人的潜意识会牢牢记住这种痛苦，不断地在这上面缠绕，难以像从未被失败伤害过一样去大胆地尝试、实践，变得总是畏首畏尾，自然也就很难摆脱挫折。而钝感却可以直接将失败的伤害挡在心门之外，依然积极进取、大胆尝试，从而很快走出困境。

再则，钝感还是负面情绪的最佳挡箭牌使我们远离亚健康。

在职场中，即使被上司责骂，也能够充耳不闻，马上把它抛到脑后；即使面对非常事件，也能够像一个没事儿人一样，睡得甜、吃得香，始终保持开朗放松的状态，冷静、理智、从容地解决问题。这样的"大将之风"都要归功于个人的钝感。因为，感应迟钝，所以不会对负面情绪过于在意，自然也就容易让负面情绪烟消云散。

由于负面情绪对我们的伤害不能持续、深化下去，我们的身心也就比较容易恢复，也就不会被负面情绪逼进"亚健康"的范围内。

而且，还有研究指出，与敏感的人相比，钝感强的人更加容易快乐，而人体在快乐的情绪状态下合成血清素（一种减缓忧郁等负面情绪的化学物质）的效率会大幅度提高。

无法否认，职场并不是一个令人轻松的地方，在职场当中我们所要面临的困难和挑战也许是自己无法预计的，但是只要有了"钝感"为我们护驾，还有什么好担忧的呢？学会对伤害我们的负面情绪和事件"听而不闻，视而不见"，让自己具备"让人无入而不自得"的钝感，是职场成功者必备的情商素质，也是在职场饱受困扰，甚至被打下浪底泅泳的人，蓄积翻身站上浪头的力量！

15. 摆脱束缚你的"马屁股"

在职场中奔波了几年的你，或多或少都听到过，或者有过这样的疑问：对自己的工作感到不满意，为什么却仍然在继续，而没有更换？为什么那些拥有良好职业习惯的人成功容易，而对于没有具备良好职业习惯的人来说，成功那么难？

其实，这所有的困惑，都可以用"路径依赖"理论来解释。

美国经济学家道格拉斯·诺斯是明确提出路径依赖理论的第一人。他因为运用路径依赖定律成功地阐释了经济制度的演进规律而获得了 1993 年的诺贝尔经济学奖。诺斯认为，事物一旦进入某一路径，就可能对这种路径产生依赖，依赖的产生则是报酬递增和自我强化的机制使然。换言之，人们一旦选择走上某一路径，就会在以后的发展中不断地自我强化，沿着既定的路径，经济、政治、个人、都可能进入良性循环的轨道，迅速优化；然而，如果一开始选择的路径就是错误的，那么就有可能沿着错误路径往下滑，甚至被"锁定"在某种无效率的状态下，从而导致停滞，而想要从"锁定"状态脱身是十分困难的。

现实生活中，有许多路径依赖现象的例子，其中，马屁股的影响是最足以说明"路径依赖"规律的。

我们都知道火车行驶的铁路两条铁轨之间的标准距离是四英尺又八点五英寸，为什么不是别的什么宽度，而要采用这个标准呢？原来，最早的铁路是由建电车的人设计的，而电车的标准轮距正是四英尺又八点五英寸。

那么，电车的轮距为什么要确定为四英尺又八点五英寸呢？这是因为最初的电车是由造马车的人设计的。

马车又为什么采用这个轮距标准呢？据说这是因为英国马路上的车辙痕迹的宽度是四英尺又八点五英寸，如果马车用其他轮距的话，轮子很快会在英国的老路上被撞坏。

这些辙迹的距离又是怎样决定的呢？这些古老的马路大都是有古罗马人为他的军队铺设的，而他们的战车的宽度就是四英尺又八点五英寸。而战车的宽度是由拉着战车的两匹马的屁股的宽度所决定的。

马屁股的影响还不止于此。就连美国航天飞机燃料箱两旁的两个火箭推进器的距离也是四英尺又八点五英寸。

由此可见，对于一个人的职场生涯来说，一个对的"入行"，一个好的开始有多么重要，因为一个人一旦习惯了某种工作状态和职业环境，并且产生了依赖性，那么即使后来发现一开始的选择并不适合自己，此时再想要重新作出选择，会丧失许多既得利益，甚至是大伤元气，从此一蹶不振。因此，没有一个好的开始，是很难有所作为的。

"少成若天性，习惯如自然"，在职业生涯中，要摆脱路径依赖的影响是非常苦难的。一旦选择了自己的"马屁股"，那么事业轨道可能就只有四英尺八点五英寸宽。虽然，随着时间的流逝，我们可能会对这个宽度不满意，但是却已经很难改变它了。所以，在开始时慎重选择"马屁股"的宽度是非常重要的事情。

当然，路径依赖的"魔咒"，并非全然不能打破。就像施瓦辛格，他一样摆脱了影坛霸主的身份，走上政坛，开启了自己职业生涯崭新的一页。也就是说，只要有足够的勇气和信心，路径依赖所产生的禁锢并非不可突破。

心理学研究指出，一个人的日常活动，90% 已经通过不断地重复某个动作，在潜意识中转化为程序化的惯性。也就是说，不等你思考，它便自动运作了。这种自动运作的力量，即为习惯的力量。因此，如果你正在选择自己的"马屁股"，那么就请慎重吧！如果你正对自己的职业感到不满，那么就请拿出勇气和信心来竭力去改变它吧！

第八章

情商的自我修炼

　　我们无法预定智商，却可以提高情商。情商已在各个领域得到充分地应用，并取得了巨大的成果。如果你想提升自己的情商，那就不要再犹豫不决了，坚持下去你就会发现，这并不是一项不可完成的任务，原来做一个高情商的智者也没那么难嘛！

1. 让述情能力促进理解

在产生情绪以后，我们往往会使用两种常见的方式来处理情绪：

·发脾气、指责或抱怨他人，这样做的确会释放情绪，却往往会伤害感情；

·隐忍不发，这是中国传统文化所提倡的，但它对人的身心健康与长久的情感关系明显有害。

两种情绪处理方式都有其问题，在这种情况下，如何处理当前的问题便会成为考验情商高低的重点。对于高情商者而言，"述情"往往会让他们摆脱以上两种情绪处理方式所带来的危害，获得更好的处理结果。

娇娇是某地方政府的公务员，她所在的单位由于尽力争取，得到一片自建居住用地，这就意味着，所有的正式员工都有机会获得房子，而娇娇身为出色的员工，自然也在其列。

一日，她接到通知，单位决定给她一套一室一厅的房子。但她了解到，一起分房、与她工作年限相同的其他同事分到的都是两室一厅。领导给出的解释是，其他分到大房子的员工都是已婚，她是单身，所以才有此安排。

这让娇娇感觉有些不公平：她又不是自己乐意单身的，而且已经处于恋爱期，只是暂时还未踏入婚姻罢了。但分房却是有关一生的大事，房子可能就分这一次，日后自己也不可能再有机会给调换成两室一厅。

抱着试试看的心情，她找到了主管领导，并将自己的理由娓娓道来："领导，一样的工作年限，别人分到的都是两室一厅，我分到的却是一室一厅，我感觉委屈：毕竟又不是我想当老姑娘的，而且照我的情况来看，这一两年结婚的可能性很大，我希望您能理解我一下。"

令她意外的是，在她的叙述下，领导竟然答应了她的请求。

很明显，娇娇拥有很强的述情能力——这种述情能力也恰恰是高情商者的代表特征。在遇到此类事情时，一般低情商者往往会指责领导"不公平"。一个"不公平"，一个"很委屈"，前者是在指责领导办事不公正，而后者却是在表达自己的感受，这也恰恰是高情商者最常用的叙事方法：他们只是陈述自己的感受，而不是在指责他人。

想要利用述情来改善人际关系，进而实现自我人生的改变，我们就必须要懂得述情能力的来源与具体的发展。

述情能力往往是在学习说话的过程中习得的：一个父母常常在儿时对其述情、共情、很照顾他的感受的孩子，其述情能力往往会很高，反之便会很低。

一个小男孩在商场中不小心与父母走散，这让他害怕、伤心，在惊慌失措地寻找父母的同时，他甚至有可能放声大哭。这一年龄段的孩子，很可能并不懂什么是害怕与伤心，但是一旦父母找到他，关心地问道："你是不是很害怕？""你很伤心对吗？"他便会明白，自己刚刚的情绪是怎样的，慢慢地，他会理解自己的感受，长大后，其述情能力便会更高。

反之，若成长过程中，父母不关心孩子的内心感受，而是在孩子犯错后只是一味地批评、指责，那么，他便会有意识地压抑自己真实的感受，这会让他形成一定程度的述情障碍。在长大后，这样的人往往也很容易在情感关系中遇到问题。

通过述情，你可以告诉对方，你喜欢什么、不喜欢什么；希望如何，不想要怎样，这等于给他人指出了一条正确关爱你、至少与你更好交流的线路。它会清晰得如同一张路线图，遵照它，他人会理解你的感受、你的举动，并知道如何去理解你。

值得一提的是，每一个人的情感特点都不一样，特别是一些女性，常常不会将自己喜欢什么、不喜欢什么告诉他人，而是习惯性地让他人去猜——在恋爱关系中，这种"猜测"也是男性最为反感的：问的时候不说，猜的时候不说对错，多半会让在情感能力上本就有不足的男性一头雾水，从而伤害情感。

工作中，明确地告诉同事你的要求："我感觉这件事情这样的做可能更好……"现实生活中，清晰告诉朋友："新开的那家面包店的面包不错，能不能帮我带两块慕斯蛋糕？"他们会更明确你的要求，同时也会了解你的喜好与不喜之处。

传统文化的熏染下，我们习惯性地将不满、生气、愤怒等负面情绪进行掩饰与克制，以避免伤及人际关系。但事实上，良好的人际关系并非靠克制与掩饰来维系的，真诚相处的人并不需要隐藏自己的愤怒与不满，而及时的述说，往往会令负面情绪得到释放的同时，令双方增进理解的机会。

在表达个人感受时，你需要学会以陈述自我感受为重点的有效叙述：

"当……的时候（引起情绪的具体时间或言行），我觉得……（你的感受），因为……（引发你情绪的理由）。"比如，"当你告诉我你不愿意接手这项文案时，我感觉很失望，因为按你的职责来说，这是一件分内的小工作。"

这样的表达意义在于，它可以让对方理解你的心情或感受，又可避免刺激或引发对方的心理防御，这与"都是因为你……你……"这类以责怪为主要内容的表达有着极大的区别，因为责怪只会让对方也产生愤怒与不满情绪，从而对人际产生更大的破坏作用。

述情并不是一味地表现自己的感受即可，而是要保持客观与理性、真实的态度来进行。一个人在述情时越客观，与他人产生误解、与社会形成矛盾的几率便会越低。

述情的基础在于，个人能够时刻觉察自己的情绪，当情绪来临时，可以感受到自己的情绪变化，并在情绪变化时，学会保持客观。保持客观，就可以清楚地知道客观事实与主观想象之间的区别，就能够避免用自己的主观想象将客观事实过分渲染。

保持客观的方法其实也很简单：当你尝试对一件事情进行描述的时候，不如问一下自己：我说的是事实吗？比如，回想一下，上一次与亲密的朋友见面、聊天距离现在有多长时间了？以"天"为单位来形容，比如三天，这是一个事实；以"小时"为单位来形容，比如四小时，这是一个事实。但是，

一旦使用含糊的词语，比如"很久"就不够客观、容易引发分歧了。所以，在述情时，你应该尽量使用准确的词，而不是使用"总是、很久、习惯"一类的带有含糊意义的词，这样才不容易引发对方的反驳，因为你说的本身就是客观的事实。

使用尽量清晰的描述，不要将自己的想象当成客观的事实，同时尽量说出具体的衡量单位——有了这一基础，述情的质量才会提高，他人才会有机会更理解你。

述情能力的提升并非一朝一夕之事：若你在儿时缺乏述情能力的教育，那么，在成年后，你往往会需要更长的时间去锻炼自己的这种能力。而其具体的锻炼效果也往往是出众的：在习惯了使用述情能力后，由于情商能力的提升，你的生活也将会出现质的提升。

2. 调节神经链，改变负面情绪

　　低情商中的多种表现往往是一种劣性的习惯，而这种习惯的养成往往如同纺纱：一开始时，它只是一条细细的丝线，但是，随着我们不断地重复相同的行为，原来那条丝线上不断地开始缠绕上一条又一条的丝线，最后，原来的细线终于变成了粗绳，将我们的行为与思想缠得死死的，此时，情绪往往已形成固化反应。

　　在现实生活中，当你出现沮丧、生气、压力大的感觉时，你所采用的是哪种方法来缓解自己的不安与焦虑？是与人争吵、逛街、还是吃东西？负面的处理方法多半会加重个人的低情商表现，并使负面情绪爆发的频率越来越高。

　　早上八点是上班的高峰期，这一天，迪克开着自己的小车去上班，但因为车流量过大，眼看着就要迟到了。后来，好不容易车龙向前移了移，但迪克前面的司机就像是睡着了般没有移动丝毫。见状，迪克拼命地按喇叭，可前面的司机似乎不为所动。此时，迪克心中气极，双手紧紧地握住方向盘，仿佛是在掐着前面司机的脖子一般。恼怒的迪克甚至想道："下一秒你再不开车，我就冲上去把你揍一顿！"

　　又过了一会，迪克见前面的车子依然未动分毫，他再也无法控制自己的怒气。终于，他打开车门，下车冲上前去，猛敲那辆车的车门。见有人来找事，前面的司机也不甘示弱，下车冲向了迪克。就这样，一次恶斗在大马路上展开。

　　结果，强壮的迪克在这场争斗中获得了胜利：他成功地打碎了那个司机的鼻梁骨。但他的人生却因此而陷入了低谷：对方控告他犯了故意伤人罪，等待他的将是法律的制裁。而且，迪克也因为这次的事件将工作给弄丢了，

这让他后悔不已：自己刚刚下定决心不再与人争执，谁知，才过了几天，便发生了这样的事情。

低情商者往往会对自己所经历的低情商行为有所觉察，并期望通过意志来改变个人行为。但是，改变并不能单凭意志，因为除非你拥有极强的动力，否则意志的效果是无法维持长久的。身体肥胖者多数会希望通过意志来减肥，但这样的减肥往往会以失败告终：在没有快乐的刺激下，吃不到好吃的、想吃的食物所带来的痛苦，会让减肥者们的意志力变得脆弱，而这种脆弱的状态根本不可能实现个人行为与人生的改变。

如果我们想要改变自己的低情商行为，一个有效的办法就是，将自己的旧行为与痛苦进行联系，而将自己所期望获得的改变与快乐相连——这是一种心理学上的刺激法，我们乐于享受快乐而回避痛苦。

其实，人类的一切行为都是了逃避痛苦、得到快乐，借着这样的力量，我们能够使自己的旧有行为得到改变，也可以帮助积极的新行为定型。在心理学上，心理专家们一向推崇"神经链调节术"来改变低情商行为。这种方法的本质即依赖于人们对快乐的追求、对痛苦的逃避来调整神经认知，从而使个人去追求我们所期望的人生。

"神经链调节术"提供的是一套特定的步骤，以求生活出现持久的改变。在运用此方法前，了解神经链形成的过程是必要的。在我们经历了重大的快乐或痛苦时，我们的脑子往往会按下述三个标准来寻找各种原因：不管原因是什么，由于个人主观上的判断，我们很可能会因此而产生错误的认知，从而错失解决问题的机会。

不过，在你正式使用该方法时，你需要具备两个信念：你的问题是可以马上得到改变的；你需要对自己负责。这种"负责"可分为三个部分：

你需要确定"有些事必须要改变"——记住，是"必须"，而不是"应当"改变；

你需要相信"我必须推动改变"——只有你才能改变你的生活；

你需要相信"我有能力来改变"——若你不相信自己能做到，那么，你势必会失败。

如果你渴望自己的情商得到提升、低情商行为有所减少，那么，参考以下四大步骤，将会给你带来积极的结果。

（1）确定你想要的是什么，而阻碍你得到它的又是什么

你要的越是明确、越具体，你就越能在后续的改变过程中发挥力量，快速地达到目标。而且，你必须要知道，是什么阻碍你得到自己想要的，不消说，阻碍我们改变的原因，就是我们将改变与痛苦连在了一起，因此我们宁可不改变，因为我们对改变后的结果不知道而心怀恐惧。

在上述案例中，迪克的习惯性暴怒之所以长久得不到改变，就是因为在看他来，改变了自己的性格，就意味着对他人"服软"，而这种"服软"在他的意识中是缺乏男子气概的表现。

（2）找出改变的杠杆，在心理上产生迫切感

对情绪、习惯的所有改变，必然是改变了神经链中对痛苦与快乐的诠释的结果。值得一提的是，当我们达到了痛苦的临界点，且旧有行为带给我们的痛苦大于我们所能得到的快乐时，改变的行动就能发生，这就是改变的"临界点"。

这种"临界点"与杠杆原理相似：杠杆的一边是痛苦，一边是快乐，痛苦超过快乐时，改变便会发生。

促成改变的最有力杠杆是发自于内、而非来自于外的痛苦：当我们无法按照自己原定的原则去生活时，最大的痛苦铃声产生。若我们的行为与设定的标准不一致，"内我"与"外我"之间便会形成差距与压力，而这种压力会有效地逼迫我们去改变。

因此，当你有改变的想法时，不如想象一下，一旦不去改变，痛苦将会有多大；改变了以后，快乐又会有多少。对于习惯性拖延的人来说，不去改变拖延的习惯，便有可能失去上司、公司的信任，甚至失去工作与资金来源；而改变了这种负面习惯，得到的发展机会便会越来越多，这就本身就是一种痛苦与快乐的相互比较。

（3）终止旧有行为模式

在最开始时，旧习惯、旧情绪之所以持久，是因为它们能够给我们带来短时间的快乐，但改变却会带来痛苦。这就如同有些人因为受伤而受到了他人的关注，为了继续引发关注，他就不愿意自己的伤过早康复一般。此时，我们必须要加强"杠杆"的力量，为自己寻找到更大的压力来源，迫使自己去寻找改变行为。

（4）另外找出一个新的且有益的行为模式

这一步是建立长久改变中最重要的一步：如果你想戒酒，那你就必须要想出新方法，来取代过去自己从酗酒中得到的快乐；若你实在想不出什么好办法，不如向那些成功戒酒的人们去学习，看看他们是怎么做的。

当这一新行为模式发生后，你就需要一而再、再而三地重复这一新行为，使它在我们的脑海中形成粗壮的神经链，直到它可以带你摆脱痛苦、得到快乐为止。此时，它便能够在你的脑子中建立起新的神经渠道，令你的新行为形成"新的习惯"。

在此期间，强化与鼓励是必不可少的：若你是一个习惯性愤怒的人，每一次控制住怒火，就奖励自己一件喜欢的东西，这是正面激励；每一次发火，便惩罚自己当晚不能去看喜欢的连续剧，这是负面强化——两者都可以帮助新行为"不发火、保持平静"调正、固化成自发性的行为。

"神经链调节术"可以用在负面情绪的改变、优秀习惯的养成上。当你发现新行为能够让你感觉到快乐、旧习惯令你不适时，你的改变便已成功。此时，你不如检查一下这种改变的结果：你所坚持的改变对你产生了什么样的影响？它是否促进了你的事业或人生？当你的答案是肯定时，改变便会进一步固化，形成新的习惯。

3. 你的情商为什么比别人低?

一个人，如果他总是遭遇拒绝，他就会在情感上受挫，从而造成非常大的心灵困扰，倘若无法尽快从这种困扰中抽出身来，就往往会陷入沮丧和无助中，以至于产生悲观失望情绪，而这种无助的情绪还可能迅速地扩散到生活的各个领域。这就是"习得性无助"效应。

"习得性无助"是一种放弃的反应，由于失败的次数太多，使得大脑产生"无论怎么努力都无济于事"的想法演变而来的放弃行为。

1975 年，心理学家塞里格曼用狗做实验，验证了这个效应。

塞利格曼把狗关在一只装有蜂鸣器的笼子里，每当蜂鸣器响起来时，赛利格曼就用不足以致命的电流电击这条狗，刚开始时，这条狗根本无法忍受，往往被电得上蹿下跳，只是，无论它怎么蹦跳，都无法躲避电击，因此，每每电击来临，它只有痛苦抽搐。后来，塞利格曼在蜂鸣器响之前先把笼子的门打开了，并且在蜂鸣器响过之后也未立刻对狗施加电击。然而，笼子里的这条狗并没有从开着的笼门走出来，更奇怪的是，它还在那里等待痛苦的降临，甚至待电击出现，就倒在地上痛苦地呻吟和颤抖。

塞利格曼解释说，这条狗之所以会有这种表现，就是因为它在试验的初期就形成了一种无助感。也就是说，一次次地挣扎后却依然未能摆脱痛苦，让它意识到，电击是由外界所掌控的，自己无论做什么都无法阻止电击的到来。于是便产生了一种无助感，并且把这种无助感变成了自己的一种习惯行为。

现实生活中很多人的情商之所以很低，而且自己想改变却于事无补，绝大部分的原因应该归罪于这种"习得性无助"。在追求成功或者试图提高自己情商的道路上，他们屡战屡败。一次次的失败后，他们就开始怀疑自己的

能力，因此不敢再尝试，曾经追求成功和改变的那股热情也荡然无存。因此，他们将自我追求的标准一再降低。在这种情况下，倘若原有的一切限制消失了，他们也不敢或者说是根本没有意识再去尝试挑战新的高度，因为他们已经习惯于自我设定的成功高度了。

也就是说，"习得性无助"效应会人们产生这样一些心理现象：认知缺失、动机水平下降、情绪不适应等。而显然这些现象的出现，阻碍了人们自我提升的进程。

要阻止这种效应发生作用。其中最关键的一点，就是必须破除自我设限的习惯。万事万物都是在不断变化的，原来限制你成功的条件也会随之发生变化的，不知道什么时候，那种条件限制就变成了一扇虚掩的门。而此时，突破那扇虚掩的门已经不是困难，困难的是我们需要突破的自己固有的观念，也就是我们长期形成的无助感的心理障碍。

1968年，奥林匹克运动会在墨西哥举行，参加百米赛跑的美国选手吉·海因斯第一个冲过终点线，当他看到运动场上的记分牌打出9.95秒的字样后，他摊开双手自言自语地说了一句话。海因斯的这个行为动作通过电视网络被众多人看到了。只是由于当时他的身边没有话筒，所以，没人知道海因斯到底说了句什么话。

直到一位叫戴维·帕尔的记者在回放奥运会的资料片时，又重新关注海因斯那句自言自语的话。于是他去采访海因斯。当被问及在墨西哥奥运会的百米赛跑夺冠后时，看到记分牌上记录的数字后自言自语的那句话时，海因斯竟然有些记不起来了，他甚至否认自己当时说过话。直到戴维·帕尔说把当时的录像放给海因斯看，海因斯才说："原来你说这里。难道你没听见吗？我说：'上帝！那扇门原来没有关。'"

海因斯进一步解释说："自从欧文斯创造了10.3秒的成绩之后，医学界断言人的肌肉纤维所承载的运动极限不会超过每秒10米。当我看到记分牌上显示的9.95秒的数字后，我很惊讶，原来医学界断言的10秒极限只是一扇虚掩着的门，它并未关上。"

的确，很多时候，我们面对的那些条件限制其实都是一种自我设限。这种自我设限就是因习得性无助而产生的，人们一旦有了习得性无助感，就会产生一种对自己的才智、外表、创意、体力、技巧等方面的否定观念，而这种否定观念的真正危险之处就在于它会阻挠人们获得成功的期望。

我们都知道，自信是成功的一半。一个人如果开始怀疑自己，那么，其负面信念就会进一步强化，使得人在面对生活的挑战时不是迎难而上，而是找出种种借口，这些借口往往是十分消极的，会死命地拖住我们的后腿。

不管你修炼情商的目的是为了成功，还是为了让自己生活得更快乐，如果你不希望再重蹈失败的覆辙让自己变得更加沮丧，那就请你不要自我设限，更加不要半途而废，否则你的情商不仅不会提升，反而还会更低！

4. 每个人都该会的"搬山术"

一个年轻人跟禅师学习搬山术，学了许久，仍没办法把山移过来。

禅师说："所谓搬山术，只是拉近你和山的距离。既然山不过来，那你就去。"

山不过来，我就过去，改变不了别人，那就改变自己。

指望改变别人而让自己快乐起来，这是极不牢靠的，弄不好还会陷入更消极的情绪中。

只有你自己才能够无条件地听你调遣，自己的情绪只有自己负责，你能改变的只能是你自己。

承认人的独立性、独特性和事情的现实性，才不至于跟眼前的人或事过不去，才能够及时摆脱坏情绪的纠缠，腾出精力去解决问题。

改变自我，除了改变自己惯常的思维方式之外，改变自己的注意，即转移兴奋中心也是一个重要方面。

产生了消极情绪之后，要改变这种状态，有意识地去找其他的事情做，借以分散注意力，如读报看报、郊游垂钓、寻友访旧、种植花草等等，总之，尽量去做自己平时爱做的事，这也是完全可以选择的。

还要学会安慰自我。事情已成定局难以挽回的时候，可以使用精神胜利法维护自尊心和自信心，以图再度振作，这时候，我们不妨做一只狐狸。

几只狐狸同时走到葡萄架下，却无法吃到葡萄。

第一只自我安慰说葡萄是酸的，自己不想吃，走了。

第二只不断地使劲往上蹦，不抓到葡萄誓不罢休，最终耗尽体力累死在葡萄架下。

第三只狐狸吃不到葡萄便破口大骂，抱怨人们为什么把葡萄架得这么高，不料被农夫听到，一锄头打死在地。

第四只因生气抑郁而死。

第五只犯了疯病，整天口中念念有词："吃葡萄不吐葡萄皮……"

想想，哪只狐狸的情商更高？

心理学认为，人的好恶和自我评价来自于价值选择，当消极的情绪困扰你的时候，改变你原来的价值观，学会从相反的方向思考问题，这样就会使你的心理和情绪发生良性变化，从而得出完全相反的结论。

这种运用心理调节的过程，称之为反向心理调节法，它常常能使人战胜沮丧，从不良情绪中解脱出来。

两个工匠去卖花盆，途中翻了车，花盆大半打碎。

悲观的花匠说："完了，坏了这么多花盆，真倒霉！"

而另一个花匠却说："真幸运，还有这么多花盆没有打碎。"

后一个花匠运用反向心理调节法，从不幸中挖掘出了幸运。

很多情况下，人们的痛苦与快乐，并不是由客观环境的优劣决定的，而是由自己的心态、情绪决定的。遇到同一件事，有人感到痛苦，有人却感受到快乐，情商不同的人会得出不同的结论。

在烦恼的时候，与其在那里唉声叹气，惶惶不安，不如拿起心理调节武器，从相反方向思考问题，使情绪由阴转晴，摆脱烦恼。

俄国作家契诃夫曾写道："要是火柴在你口袋里燃烧起来了，那你应该高兴，而且感谢上苍，多亏你的口袋不是火药库。要是你的手指扎了一根刺，那你应该高兴，挺好，多亏这根刺不是扎在眼睛里。以此类推……照我的劝告去做吧，你的生活就会欢乐无穷。"

当我们遇到困难、挫折、逆境、厄运的时候，运用一下反向心理调节，就能使自己从困难中奋起，从逆境中解脱，进入洒脱通达的境界。

5. 停止纵容自己

物理学中有一个现象：斜坡上端的小球，往下滑不费力，且越滑越快；反之，如果要使斜坡下端的小球往上，则要费去不少力气。"上坡"就是用积蓄能量、换取高度；而"下坡"是牺牲高度，释放能量，换取畅快。

人生同样遵循"下坡容易上坡难"的定律。比如：要让孩子形成一种良好的习惯，父母要做很多努力，有时甚至一次又一次地监督和强制，也完全不起作用；而一种坏的行为习惯，不用教，孩子可能一下子就会了。

人们常说的"由俭入奢易，由奢入俭难"，也是一样的道理。

人要变好、要成功往往比较困难，但是，要变坏、要失败却是很容易的事情。心理学家把这个心理定律叫做"下坡容易定律"。

这种现象是缘于人性中的本能、欲望的低级需求。

人类学家认为：人首先是自然的、动物性的人，然后才是社会性的人。

攻击、破坏、放纵、自私是动物的本能。为了在严酷的生存环境中得以生存繁衍，动物必须以这些本能去适应。松散、贪心、懒惰、自私自利等坏的行为，恰恰是受人的生存驱动力的影响，是源于动物本能的低级需求，是对欲望的放纵，没有意志力的克制，就会自发地表现出来。

守纪律、讲信用、爱劳动、爱清洁、勤奋进取等优良素质，是属于人的社会属性，需要长期培养才能形成。在培养的过程中，个体需要对自身的动物性本能加以克制和约束。即使形成以后，只要人过于放松警惕，那些源于动物天性的本能也非常容易将它替代。

比如，我们用完东西，一扔便了事，既方便、又无须约束，是出自于人的动物本性中的自私和散漫；而将东西整理得井井有条无疑是与人类最原始的本能相违背的，需要有意志力和自控力。所以古人常说："成人不自在，自在不成人。"

当一个人在不懈努力向上攀登的时候，当我们在艰难的环境中力求上进的时候，就是正在"上坡"。如果我们费半天劲、好不容易攀上了坡，如果不用力站稳，阻止自己下滑的力道，也会顷刻滑下。换言之，取得成功和维持卓越都是需要我们付出努力的，而失败则是自然而然的事情。如果一个人选择了纵容自己，也就等同于选择了毁灭自己。

人往往倾向于做自己喜欢做的事情而不是做应该做的事情，很容易纵容自己。然而，人一旦纵容了自己的缺点，就如同把自己变成了自己的敌人，而这个敌人是最难以战胜的。

那么，纵容自己指的是什么？

纵容自己的怠惰。有人的怠惰属于特定条件下的，是可以理解的，例如长久工作后所产生的无力、无心再工作的心理性怠惰，以及高压力下所引起的反弹式怠惰。这是一种放松，一种自我治疗。但是天生怠惰则是我们必须克制的。这样的怠惰会让自身退化，同时给外敌以可乘之机。

纵容自己的弱点。弱点人人都有，有的是与生俱来的，无法矫正，比如个子矮；有的弱点却是可以矫正，也必须矫正的，比如好色、好赌等致命性的弱点。

纵容自己贪图安逸。好逸恶劳是人的天性，然而，我们必须要明白"生于忧患，死于安乐"。

纵容自己的欲望。人的欲望是个无底洞，永远不会有被填满的那天。纵容自己的欲望，只会催生自己的胆量，模糊人生的目标，从而让自己陷入沼泽之中。

纵容自己的情绪。放纵喜怒哀乐的情绪，会影响别人的情绪，同时还会给人以情绪化、不可靠的感觉，不利于良好人际关系的建立，也不利于事业成功。

托马斯·坎佩斯就曾说过："掌握自己才能掌握一切。战胜自己才是最

完美的胜利。"对此，埃德蒙·希拉里深有体会，他正是凭借着制力成为了第一个征服珠穆朗玛峰的人。

　　雪崩、脱水、体温降低，以及 29000 英尺高的缺氧，还有生理和心理上的极度疲劳，在通往这座世界最高峰的路上障碍重重。在希拉里之前很多登山者都失败了，然而，希拉里成功了。他说："我真正征服的不是一座山，而是我自己。因为我可以很好地控制自己，所以我有机会把潜能发挥出来，并凭着它去改变自己的人生。"

　　事实上，那些高情商的人之所以能比别人更容易成功，就因为他们永远不会纵容自己，他们总是自律且自制。所以，在社会中他们往往是胜利者。他们先战胜了自己，然后才征服了世界。

6. 撕掉身上的旧标签

海伦自小时候起就是个胆小鬼，她不敢做任何运动，凡是可能受伤的活动她一概不碰。但是这样的她并不快乐，因为她认定自己就是一个胆小鬼，这让她做什么事情都很气馁。

每个人都会在潜意识当中给自己贴上一个标签，海伦的给自己的标签就是"胆小鬼"。她知道自己必须得改变，否则她的生活就会被毁掉了。于是，海伦去向心理医生求助。在医生的帮助下，她有了一些新的运动经验，如潜水、赤足过火和高空跳伞，从而知道自己事实上可以做到一些事，只要有一些压力即可。

即使如此，这些体验还不足以使她形成有力的信念，改变她先前的自我认定，顶多她自认为自己是个"有勇气高空跳伞的胆小鬼"。依她的说法，当时转变还没发生，但事实上转变已经开始了。

她说其他的人都很羡慕她的表现，并告诉她："我真希望也能有你那样的胆量，敢尝试这么多的冒险活动。"一开始，她对大家夸奖的话的确很高兴，听多了之后她便不得不质疑起来，是不是以前错估了自己。

"最后，我开始把痛苦跟胆小鬼的想法连在一块儿，因为我知道胆小鬼的概念使我设限，我决心不再把自己想成胆小鬼。"海伦说道。

当然，所有的事情并不只是说说而已，事实上，她的内心有很强烈的争战，一方是她那些朋友对她的看法，一方是她对自己的认定，两方并不相符。

后来，在又一次的高空跳伞训练中，她决定把这当成是改变自我认定的机会，要从"我可能"变成"我能够"，而让想冒险的企图扩大为敢于冒险的信念。当飞机攀升到一万多米的高空时，海伦望着那些没有跳伞经验的队

友，多数人都极力压抑着内心的恐惧，故意装作兴致很高的样子。

海伦告诉自己："他们现在的样子正是过去的我，而此刻我已不属于他们那一群，今天我可要好好地玩一下。"

她运用了他们的恐惧，来强化她希望变成的新角色。随之，她很惊讶地发现自己刚刚已经历了重大的转变，她不再是个胆小鬼，而成为一个敢冒险、有能力、正要去享受人生的人。她是第一个跳出飞机的队员。下降时，她一路兴奋地高声狂呼，似乎这辈子从来没有今天这样的活力和兴奋。

海伦之所以能够跨出自我设限的一步，主要的原因就在于，她一下子采取了新的自我认定，从而在心底想好好表现，以作为其他跳伞者的好榜样。海伦的转变很完全，因为新的体验使她能一步步淡化陈旧的自我认定，从而做出决定，要去拓展更大的可能。新的自我认定使她彻底地撕掉了"胆小鬼"的旧标签，成为一位真正敢于冒险的领导者。

如果，你还躲在自我认定的旧标签之下，说着"我不行""我办不到""我害怕""我放弃"……那么你就真的需要做一次全新的改变了，就像海伦那样，你需要给自己一个新的自我认定。你会发现，自我认定的转换很可能是你人生当中最有趣、最神奇和最自在的经验，当你换了一种自我认定，撕掉贴在身上的旧标签，换上一个新标签时，你很可能就此超越过去，成就新的自我。

7. 摆脱困境你需要反向调节法的帮助

有一个人，年过半百，却因为开罪了上级而被贬职、调到离家较远的郊区工作，他每天要骑两小时自行车才能到工作的地方，天晴的时候还好，遇上刮风下雨情况就更不妙了。刚开始时，他心里觉得十分痛苦，抱怨世事不公、痛恨领导公报私仇。

后来有一天早上，他像往日一样懊恼又痛苦地骑着自行车去上班，他扭头往旁边一看，看见旁边的田园风光竟是那么怡人；再吸了一口空气，竟然比城里的要清新很多；而且还有城里听不到的鸟鸣声。顿时，他的心情好了起来，他想："这样也不错，每天可以不用去健身房就能锻炼身体，而且工作的环境明显比以前更加环保；再说，对方之所以把我调到这里来，不就是为了让我难受吗？那我为什么要让他如愿呢？为什么不更加开心地工作和生活呢？"这样一想，心中的郁闷立时消散了，而往日的漫漫上班路也似乎变得近了很多，同时，他的心情也不感到单调了，又能精神抖擞地愉快工作了。

从心理逆境中走出来的他深有体会地说："人们在逆境中，往往只太过专注于自己的痛苦，而忽略了其他的积极心理状态。如果你能正视现实，并积极地发现事情有利的一面，就可以成功地用积极心绪替换掉消极体验，使心理发生良性变化，让痛苦变成愉快，从而从逆境中，超脱出来。

其实，他用的就是心理学上的反向心理调节法，也称为反向思维法，是对同一问题的不同角度的看法，其关键要以"趋利性"为其思维方向。换句话说，就是当你陷入困境或逆境时要从积极的方面去想，努力从不利中找出令人信服的积极因素，从而调动起自己的积极心理因素去战胜消极心理。

"前方是悬崖，希望在转角"，当你感到痛苦时，换一种思考方式，让

自己去发现事情好的一面，这是你自己可以驾驭的。比如，在经济危机中，你被解雇了，你可以选择无止无尽地为明天的生计担忧、为自己失去了饭碗而抱怨，你也可以选择因为自己有了重新选择职业、重新开始自己的事业生涯而高兴。

在生活当中，逆境的出现是不可避免的，反向心理调节法正是适用于逆境中的一种心理调节法。当你把逆境看成是一种上帝的恩赐，看到逆境带给你的好处的时候，你就战胜了逆境。

情商之所以能发挥出异乎寻常的功效，关键在于它是对现实的能动适应。只有在现实冲突中，情商才能有所作为。想想你要到什么时候才肯去尝试新观念、做出有创意的决定？当你觉得自己不这样做就要被淘汰的时候。要到什么时候才能体会到为顾客服务的重要性？当所有顾客都不再光临的时候！要到什么时候才会明白认真工作的重要性？当面临被炒鱿鱼的危险的时候。因此，当你面对这些逆境的时候，你可以将它看成是一次尝试和创新的机会，一次对工作情况的自检，一次自我完善和提升。

在成功的时候，许多人都会大肆庆祝，却很难从中有所收获；而失败和挫折虽然会让人沮丧、挫败、难过，但是却能够让人从中吸取教训，为获取成功创造条件。

现实是残酷的，现实正由于其残酷而精彩、美丽。运用反向调节法，你就会发现，那些让你痛苦不堪、难以忍受的逆境往往是你人生的转折点。只有在失败的砧铁上不断锤炼，才能锻造出铁的品质，而这种品质不正是一个低情商者所需要的吗？

8. 孟买佛学院小门的启示

　　孟买佛学院是印度最著名的佛学院之一，它建院历史悠久，拥有灿烂辉煌的建筑，还培养出了许多著名的学者。它还有一个特点是其他佛学院所没有的。这是一个极其微小的细节，但是，所有进入过这里的人，当他再出来的时候，几乎无一例外地承认，正是这个细节使他们顿悟，正是这个细节让他们受益无穷。这是一个很简单的细节，只是人们都没有在意：

　　孟买佛学院在它的正门一侧，又开了一个小门，这个小门只有一米五高、四十厘米宽，一个成年人要想过去必须学会弯腰侧身，不然就只能碰壁了。

　　这正是孟买佛学院给它的学生上的第一堂课。所有新来的人，教师都会引导他到这个小门旁，让他进出一次。很显然，所有的人都是弯腰侧身进出的，尽管有失礼仪和风度，但是却达到了目的。

　　教师说，大门当然出入方便，而且能够让一个人很体面很有风度地出入。但是，有很多时候，人们要出入的地方，并不是都有着壮观的大门，或者，有大门也不是随便可以出入的。这时候，只有学会了弯腰和侧身的人，只有暂时放下尊贵和体面的人，才能够出入。否则，很多时候你就只能被挡在院墙之外了。佛学院的教师告诉他们的学生，佛家的哲学就在这道小门里。

　　其实，人生的哲学何尝不在这道小门里？人生之路，尤其是通向成功的路上，几乎没有宽阔的大门，所有的门都需要弯腰侧身才可以进去。

　　加拿大魁北克一条南北向的山谷，西坡长满松树、女贞、柏树，而东坡只有雪松。

　　为什么会出现这样的现象？因为东坡雪很大，雪松比较柔软，当雪在树上积累到一定重量时它就弯曲了，令雪滑落下来。而女贞、柏树却不能弯曲，

它们被雪压断了。

在风中，小草容易弯曲，参天大树则巍然挺立，不摆不动。一阵狂风可以把大树连根拔起，可是，不管风有多大，也不能把在狂风面前弯倒在地的小草连根拔起。人固然需要刀片般的锋利，也需要柳条一样的柔韧。即使再锐利，如果轻易就断掉，那也是毫无用处的。在这个世界上，要柔中带刚，刚里带柔，方里见圆，圆中显方，才会活得自由自在。

人生之路，尤其是通向成功的路上，几乎没有宽阔的大门，所有的门都是需要弯腰侧身才可以进去。能屈能伸是高情商者的超人之处，情绪的控制并非是对逆境永远的坚贞不屈。屈者，比坚者有更大的柔韧性，对情绪控制的能力也会炉火纯青。所以，学会弯曲是情商的自我修炼必不可少的一项内容。

9. 寻找心灵憩息的小岛

世界著名航海家托马斯·库克船长，曾经在他的日记里记录了一次令他百思不得其解的奇遇。

当时，他正率领船队航行到大西洋上，浩瀚无垠的海面上空出现了庞大的鸟群。数以万计的海鸟在天空中久久地盘旋，并不断发出震耳欲聋的鸣叫。更奇怪的是，许多鸟在耗尽了全部体力后，义无反顾地投入茫茫大海，海面上不断激起阵阵水花……

事实上，库克船长并非是这一悲壮场面的唯一见证者。在他之前，很多经常在那个海域捕鱼的渔民被同样的景象所震慑。

鸟类学家们对这种现象十分奇怪，在长期的研究中他们发现，来自不同方向的候鸟，会在大西洋中的这一地点会合，但他们一直没有搞清楚，那些鸟儿为何会一只接一只心甘情愿地投身大海。

这个谜团终于在上个世纪中期被解开。

原来，海鸟们葬身的地方，很久以前曾经是个小岛。对于来自世界各地的候鸟们来说，这个小岛是它们迁徙途中的一个落脚点，一个在浩瀚大海中不可缺少的"安全岛"，一个在它们极度疲倦的时候，可以栖息身心的地方。

然而，在一次地震中，这个无名的小岛沉入大海，永远地消失了。迁徙途中的候鸟们，依然一如既往地飞到这里，希望在这里能够稍作休整，摆脱长途跋涉带来的满身疲惫，积蓄一下力量开始新的征程。但是，在茫茫的大海上，它们却再也无法找到它们寄予希望的那个小岛了。早已筋疲力尽的鸟儿们，只能无奈地在"安全岛"上空盘旋、鸣叫，盼望着奇迹的出现。

当它们终于失望的时候，全身最后的一点力气也已经耗费殆尽，只能将

自己的身躯化为汪洋大海中的点点白浪，营造出一个个瞬息即逝的"小岛"。

同样，在紧张忙碌的生活中，在人生漫长的"迁徙"旅途中，每个人都有身心疲惫的时候，每个人都需要一个憩息身心的地方。适当的时候你是否让自己的心灵稍作放松？是否拥有一个可让自己喘上一口气、稍作休整的"小岛"？

给心灵松松绑，不要像那些海鸟，等到自己筋疲力尽的时候，只会一头栽进大海。明智的人懂得放松自己，懂得调适自己的心灵，以一种愉快的心态投入到生活和工作中。当然，获得心灵平静的首要方法，便是洗涤你的心灵，这一点是不可忽视的。

如果你想让心灵减负，每一天，你必须尽力去清除困扰你心灵的情绪渣滓，不使它们控制你的心灵。相信你以往也是有过这样的经验，当你把所有烦恼的事情，全都向你要好的朋友倾诉时，你是否曾感到心里舒畅无比呢？

有一位心理学家曾在一艘开往檀香山的轮船上，做一次心理改造实验。他建议一些心烦气躁的人到船尾去，设想已把所有烦恼的事情全都丢进海中，并且想象自己的烦恼事正淹没在白浪滔滔的海里。后来，有一位乘客来告诉他说："我照着你所建议的方法做后，我发觉我的心里真是舒畅无比。我打算以后每天晚上都要到船尾去，然后把我烦恼的事一件一件地往下丢，直到我全身不再有烦恼为止。"

这件事正好契合了一句话：过去的事情，就让它过去。

英国前首相劳合·乔治有一个习惯——随手关上身后的门。

有一天，乔治和朋友在院子里散步，他们每经过一扇门，乔治总是随手把门关上。

"你有必要把这些门都关上吗？"朋友很是纳闷。

"哦，当然有这个必要。"乔治微笑着对朋友说，"我这一生都在关我身后的门。你知道，这是必须做的事。当你关门时，也将过去的一切留在后面，不管是美好的成就，还是让人懊恼的失误，然后，你才可以重新开始。"

从昨天的风雨里走过来，人身上难免沾染一些尘土和霉气，心头多少留下一些消极的情绪，这是不能完全抹掉的。但如果总是背着沉重的情绪包袱，不断地焦躁、愤懑、后悔，只会白白耗费眼前的大好时光，那也就等于放弃了现在和未来。

正如费德鲁斯所言："心灵有时应该得到消遣，这样才能更好地回到思想与其本身。"要想成为一个快乐成功的高情商者，最重要的一点，就是记得随手关上身后的门，学会将过去的不快通通忘记，重新开始，振作精神，不使消极的情绪成为明天的包袱。

10. 把自己倒成空杯

　　一个杯子装满水，就不能再盛更多的水了，想要装更多的水，唯有将杯子里的水倒空。而空杯心态就是指要将心里的杯子倒空，将曾经的辉煌、失败在心态上彻底了结清空，然后，用崭新的自我去迎接崭新的未来。

　　那么，空杯能为我们带来些什么呢？

　　（1）指引我们找到职场的金钥匙。单位永远只为员工的使用价值买单。"倒空"自己，轻装上阵，才能体现自己的更大的使用价值。只有善于倒空的杯子才能装更多的水。

　　（2）让我们能够正确认识自己和世界，并与阻碍自己发展的因素告别。

　　（3）激发生命最大的潜能。很多人都有一个弱点：在成绩面前，容易自满，容易得意忘形，自满了、忘形了就不愿意再辛苦地朝更高的地方迈进。而空杯心态则很好地解决了这一点，它让人时刻处于在山底仰望山顶的状态，能逼迫自己去反思和成长，去创新和改造，最后激发出无限的生命潜能，创造生命奇迹。

　　（4）让我们成为杰出的创新者。空杯心态能让我们更努力地工作，能让我们摆脱旧有的所谓"定论"的束缚，从而为创新提供良好的心理支持。

　　（5）提升事业和人生的境界。人生是一场盛宴，不只一道好菜，忘掉你念念不忘的那道美味佳肴，才能看到更多的好菜，尝到更多的美味。松开手，计较的东西越少、胸怀和视野越大，人生就会越广阔。

　　（6）不断超越，永创一流。要超越，要一流，就不能满足于一时的成功，不能固步自封，而要顺应时代的需求，敢于挑战自我，而这一切都以空杯心态为前提。

当然，空杯心态也有层次之分。有彻底的空杯，也有半杯水的空杯，也不溢出来就好的空杯。不同程度的空杯，会造成不同效果。空杯程度越高，带来的好处也越多；空杯的程度越低，个人所得也就越少。

总的来说，要想获得空杯心态我们可以通过走这三步来获得：

第一，开放：张开双臂，才能拥抱世界。

只有当我们把窗帘拉开的时候，阳光才能够洒进屋内。首先让我们来回答这样一个问题，你认为下面三个人中，谁最有可能造福世界呢？

甲的情况：迷信，相信巫医和占卜术；私生活不检点，有两个情妇；长年吸烟且嗜酒如命。

乙的情况：每日不到中午不起床；曾经两次被赶出办公室；大学时，曾经吸食鸦片；习惯在晚上喝大量大酒。

丙的情况：曾是国家的战斗英雄，吃素，不吸烟，即使酒也很少碰，从未有过犯法违规的记录。

相信大多数人都答案都是丙。那么他们到底都是谁呢？答案是：甲是富兰克林·D·罗斯福；乙是温斯顿·丘吉尔；丙是阿道夫·希特勒。

"天啊！这怎么可能，我竟然选了一个魔王来造福世界？"相信，答案揭晓，你心里一定有这样的感叹。

事实上，受片面信息和定式思维的影响，我们往往会得出片面甚至错误的结论。然而，得出错误的结论并不可怕，最可怕的是：固执己见地坚持错误。也许你会说："哪有这种傻瓜，错了还会坚持？"其实，当我们封闭自己的心灵和思维时，我们是很难意识到错误的，这样也就出现了傻瓜式的行为——坚持错误。

那么，我们应该采用什么方法来达到开放心灵和思维的目的呢？

要保证心灵和思维的开放性，有三点是需要我们把握的：第一，不要先入为主的认定，跳出预设立场，客观地看待事情。第二，牢记著名作家米兰·昆德拉的话——"生活是一棵长满可能性的树。"第三，当你脑中出现"肯定""绝对"等字眼的时候，想想有没有完全相反的可能性。

第二，放下：大解脱才有大超越。

轻装才有利于急行军，那些妨碍我们发展的东西，都应该丢弃。开放的心灵为空杯心态奠定了基础，但是还远远不够，我们还要往前走，也就是放下。放下指的是，只要是束缚和阻碍自己发展，使自己步履沉重的包袱都义无反顾地抛弃，包括地位、金钱、面子、贪爱以及仇恨等。

放下往往伴有一定程度的艰难和痛苦，因为，你必须要放弃的东西很可能是你最难以割舍的东西，比如：金钱、权利等，这要求我们具有宽容、豁达、勇敢等等品质。对一个强大的心灵而言，没有什么是放不下的。

美国总统华盛顿，在很有可能无限期担任总统的情况下，毅然放下权利和光环，主动卸任，从而使美国基本保留了总统不超过两任，每任不超过四年的传统，保证了民主政治的实施。

南非黑人领袖、诺贝尔和平奖获得者纳尔逊·曼德拉为了追求民族的平等，为黑人争取应有的权力，被囚禁 27 年之久。在出狱的当天，他说了这么一句让人钦佩的话："在我走出囚室、迈出监狱大门的那一刻，我就已经把悲痛与怨恨留在身后。"

"留在身后"就是一种放下。从此，不再因过往的痛苦而流泪，不再因曾受到不公平待遇而怨恨，只是朝着自己梦想的方向前进，再前进。

常听僧人口中念叨着："看破、放下。"看破是基础，看破了，自然就放下了。僧人的鞋子都有 3 个洞，这便是为了时刻提醒自己要看得破。台湾著名的证严法师曾说："前脚走，后脚放。"真是再正确不过。人生苦短，一味拖泥带水，不愿到空自己、活在当下，我们就不可能有充足的精力和时间去做前方更有意义的事情，就不可能创造出更加美好的人生。

第三，重生："无相"是为了"妙有"。

凤凰涅磐是为了重生，为了获得更强大的生命。修禅的人都会经历这样一个过程：从"真空无相"到"真空妙有"。"无相"不是最终目的，是为了"妙有"。就如同，我们不是为了空杯而空杯，是因为倒空自己以后，我们能使自己的生命更加辉煌，所以我们才"空杯"。"倒空"自己之后，更要"百尺竿头，更进一步”。

每一天都是一个新的开始，过去的失败不会让今天的你退缩、怯懦，过去的成功也不会让今天的你目空一切，始终怀着希望、信念、学习的心态去工作，去生活。情商的修炼是一种对自我的超越，而将心态归零是自我超越的前提。

重生的过程是艰难的，就如同凤凰涅磐一般。但对于一个真正想要不断超越自我、追求更强大的人来说，却是最值得期待和努力的！当归零成为一种常态，一种延续，一种不断时刻要做的事情时，人生的成功和全面超越也就唾手可得了。